# 超萌的动物图案手编包

〔日〕小鸟山 印子　著
刘晓冉　译

河南科学技术出版社
·郑州·

# 前　言

我很喜欢各种动物，尤其是鹦鹉。
我喜欢鹦鹉的形态，还倾心于很多动物的造型之美。
特别是长颈鹿的几何形花斑、熊猫的黑白配比、老虎身上黄与黑的冲击力等，
我想这些正是大自然孕育出的奇迹。

我希望用毛线表现出这些动物的可爱、美丽、帅气，
并将它们做成可在日常生活中随身携带之物，
于是决定尝试做包包。

动物的可爱脸庞一旦成为主题，怎么看都会觉得有些孩子气。
整体铺满动物图案的话，平时使用又会太张扬……
因此，我选择了日常使用时不失可爱、时尚又百搭的设计。
我想通过这些设计，充分展现每种动物的精彩个性。

本书中的包包基本使用的都是短针、长针等简单的基础编织方法。
稍有难度的地方会用图片加以说明，请新手朋友们也来挑战一下吧。

一只树懒挂在手臂上
和我们一起出门的乐趣，真令人期待！

小鸟山 印子

# 目 录

奶牛图案束口袋
长颈鹿图案束口袋
豹子图案束口袋
花栗鼠图案托特包
虎皮鹦鹉包
牡丹鹦鹉包
玄凤鹦鹉包
三花猫图案托特包
山魈图案托特包

17~23
尾巴挂饰
p.30 制作方法▸p.82
三花猫尾巴挂饰
波斯猫尾巴挂饰
环尾狐猴尾巴挂饰
老虎尾巴挂饰
雪豹尾巴挂饰
变色龙尾巴挂饰
狮子尾巴挂饰
24
孔雀图案手拎包
p.34 制作方法▸p.85
环尾狐猴剪影托特包
虎纹水桶包
豹纹水桶包
29、30
动物图案水桶包
p.39 制作方法▸p.90
蛇剪影托特包
猫剪影托特包
白色珍珠鸟挂饰
常见色珍珠鸟挂饰
泪痕珍珠鸟挂饰
12~14
动物剪影托特包
p.22 制作方法▸p.73
31~33
珍珠鸟挂饰
p.40 制作方法▸p.92
鸟徽章
26~28
动物图案徽章
p.37 制作方法▸p.89
马徽章
猫徽章
16
熊猫图案口金包
p.29 制作方法▸p.80
25
森林图案圆饼包
p.36 制作方法▸p.87

### 推荐制作动物图案包包的

# 花式线总览

**制作动物包包，必备的就是花式线。**
**它们的外观和手感，都十分适合表现动物的质感。**
**借此机会，尝试使用各种各样的花式线吧。**

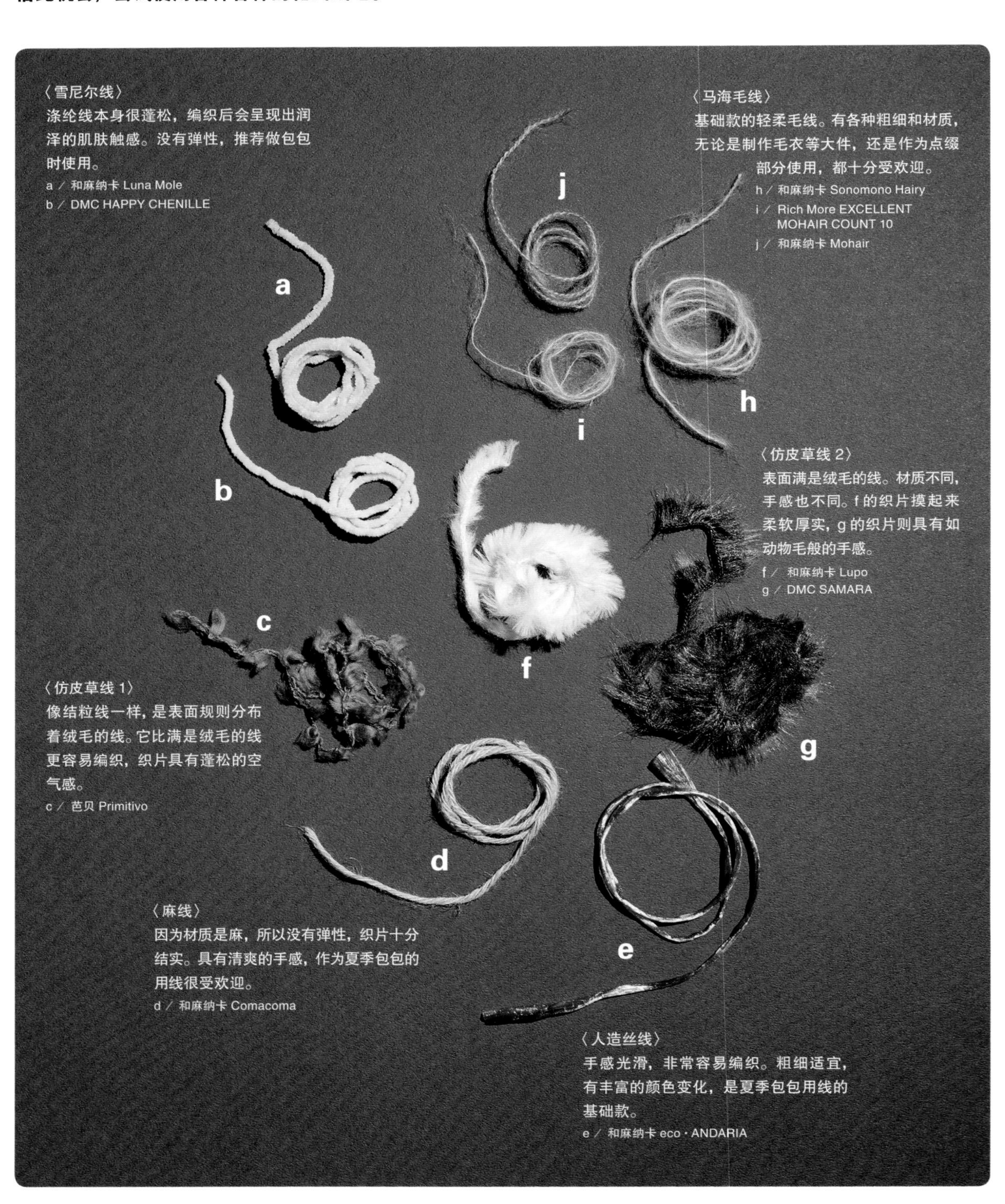

# 动物图案的包包＆饰品

以可爱动物图案为主题的个性包包大集合！
各种功能和形状的包包和可挂在钥匙或其他小物上面提升气质的挂饰、胸针，一一呈现。

※图片与实物可能会存在色差。

03 牡丹鹦鹉包

## 01~03

### 鹦鹉包

这款包包上的图案是在鹦鹉中极具人气的 3 个品种。精准复原的面部特点和鱼鳞针编织的口袋都是这款包包的亮点。包里能放入 A4 纸大小的物品，具有出众的收纳力。

制作方法▸p.50

01 虎皮鹦鹉包

02 玄凤鹦鹉包

# 04

## 小刺猬波士顿包

使用了蓬松的线钩织，用圈圈针表现刺猬的外观。上方带有拉链，方便拿放物品，也无须担心被窥见包里的物品。

制作方法▸**p.56**

打开放进去吧！

# 05

## 树懒包

这是一款像树懒毛绒玩具一样的包包。表情可爱的脸部是一个带拉链的口袋，收纳钥匙等小物非常方便。

制作方法▸p.60

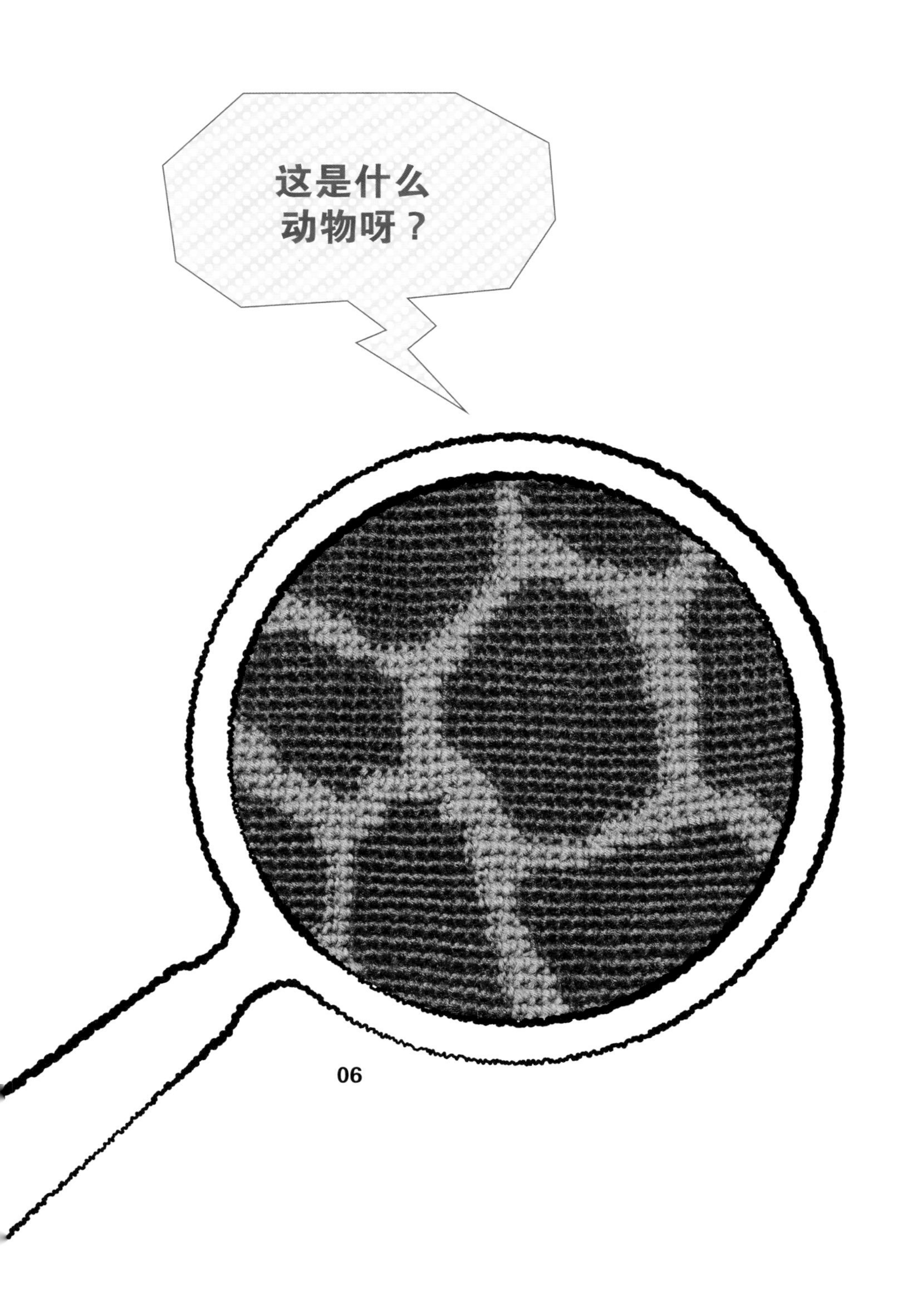


06

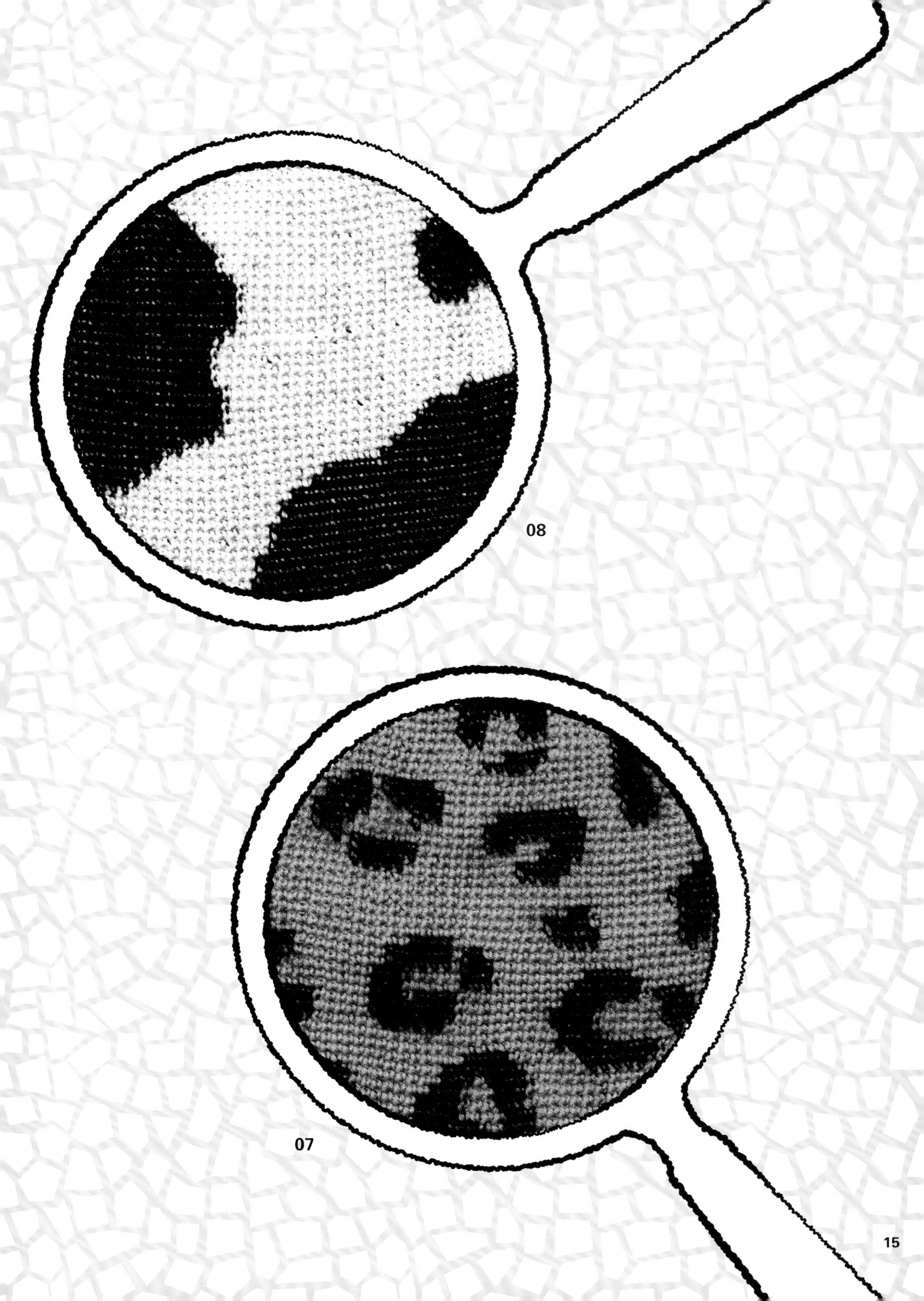
08
07

07 豹子图
案束口袋
08 奶牛图
案束口袋

我知道了！

# 06~08

## 动物图案束口袋

这是几款人气花样的束口袋。包底使用了直径 20cm 的圆形底板，收纳能力比看起来要大得多。也可以作为服饰搭配的点睛之笔。

制作方法▸**p.63**

06 长颈鹿图案束口袋

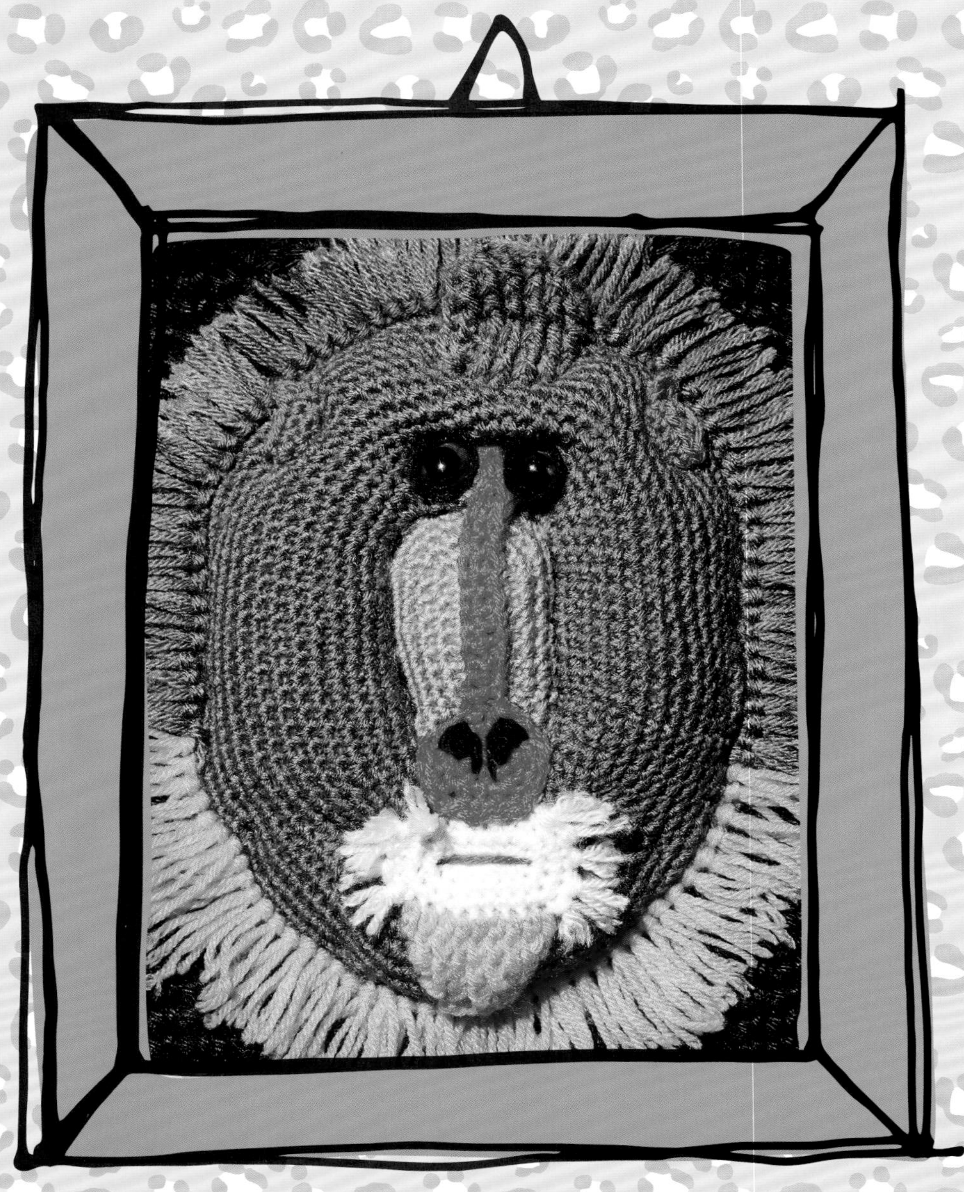

11

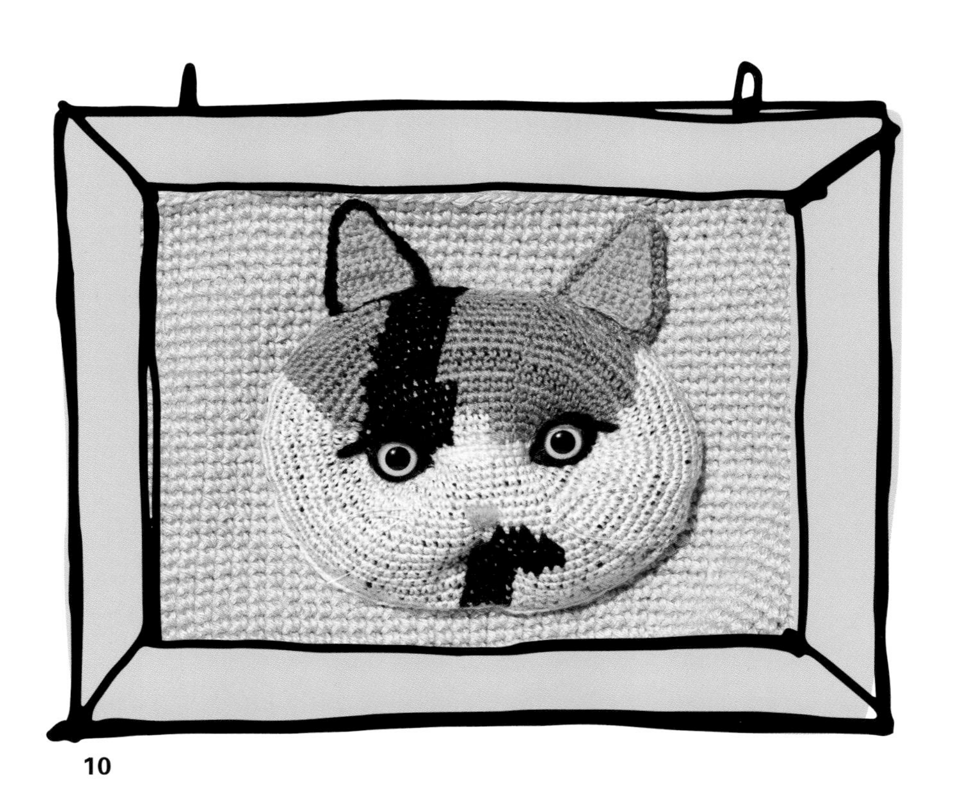

10

09

# 09~11

## 半立体图案托特包

船形托特包上有一个动物的脸部装饰，视觉冲击力极强。包包有很宽的侧边，容量很大，推荐日常使用。

制作方法▸**p.67**

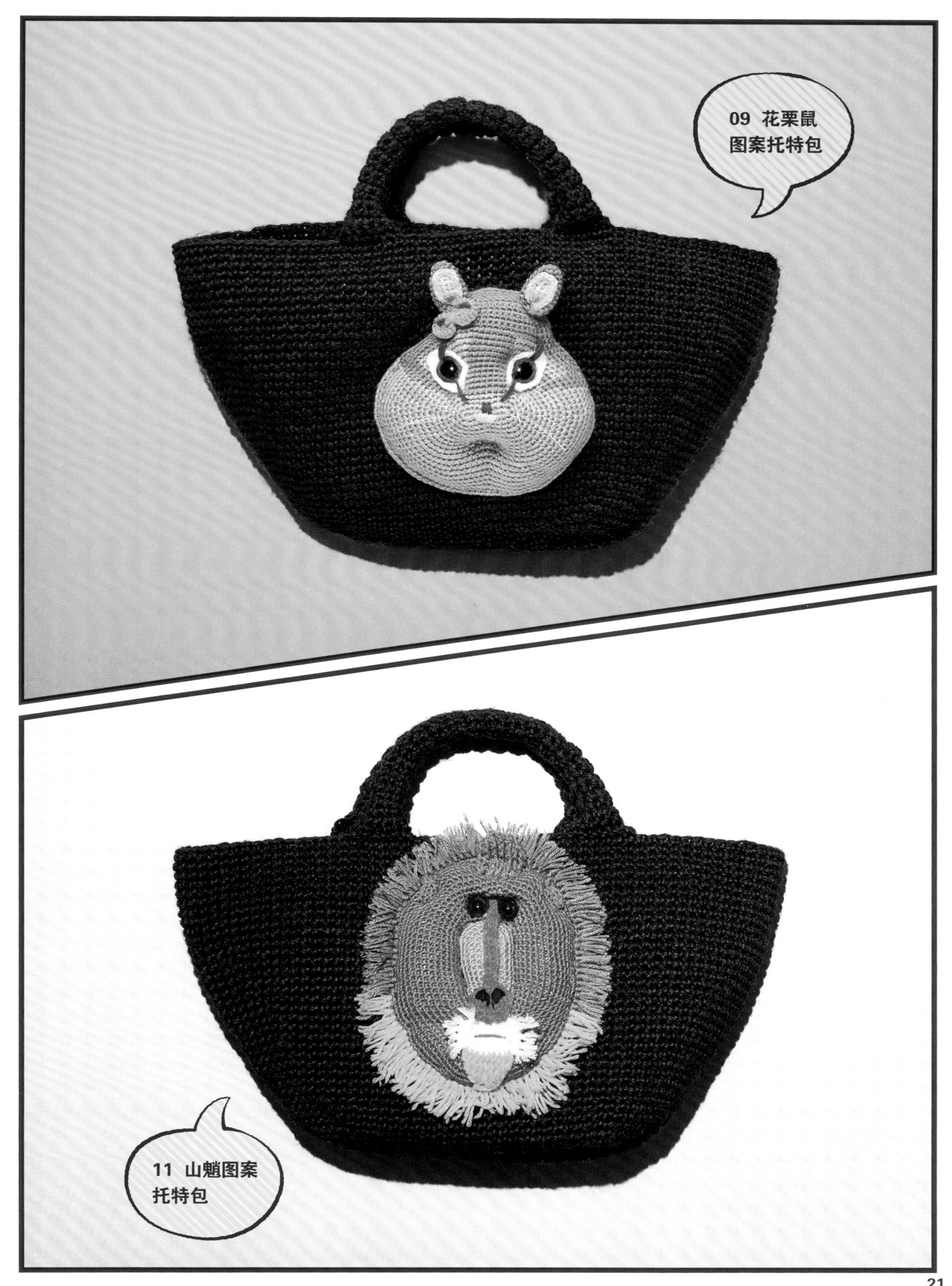
09 花栗鼠
图案托特包
11 山魈图案
托特包

# 12~14

## 动物剪影托特包

动物的剪影图案装饰了这款托特包的正反面。充满跃动感的可爱设计非常有魅力。

制作方法▸**p.73**

**14 环尾狐猴剪影托特包**

**13 猫剪影托特包**

## 正面

12 蛇剪影托特包

14 环尾狐猴剪影托特包

13 猫剪影托特包

## 反面

12 蛇剪影托特包

我要出门啦！

# 15

## 哈巴狗图案翻盖包

看起来伸着懒腰的哈巴狗非常可爱。这款用触感极佳的雪尼尔线编织成的包包，不仅有搭扣，还能背在肩上，适合各种场合。

制作方法▸**p.77**

zZz...

# 16

## 熊猫图案口金包

这款口金包呈现了熊猫的背影。毛茸茸，圆滚滚，猛一看像只吉祥物一样可爱。口金开口很大，使用也很方便。

制作方法▸**p.80**

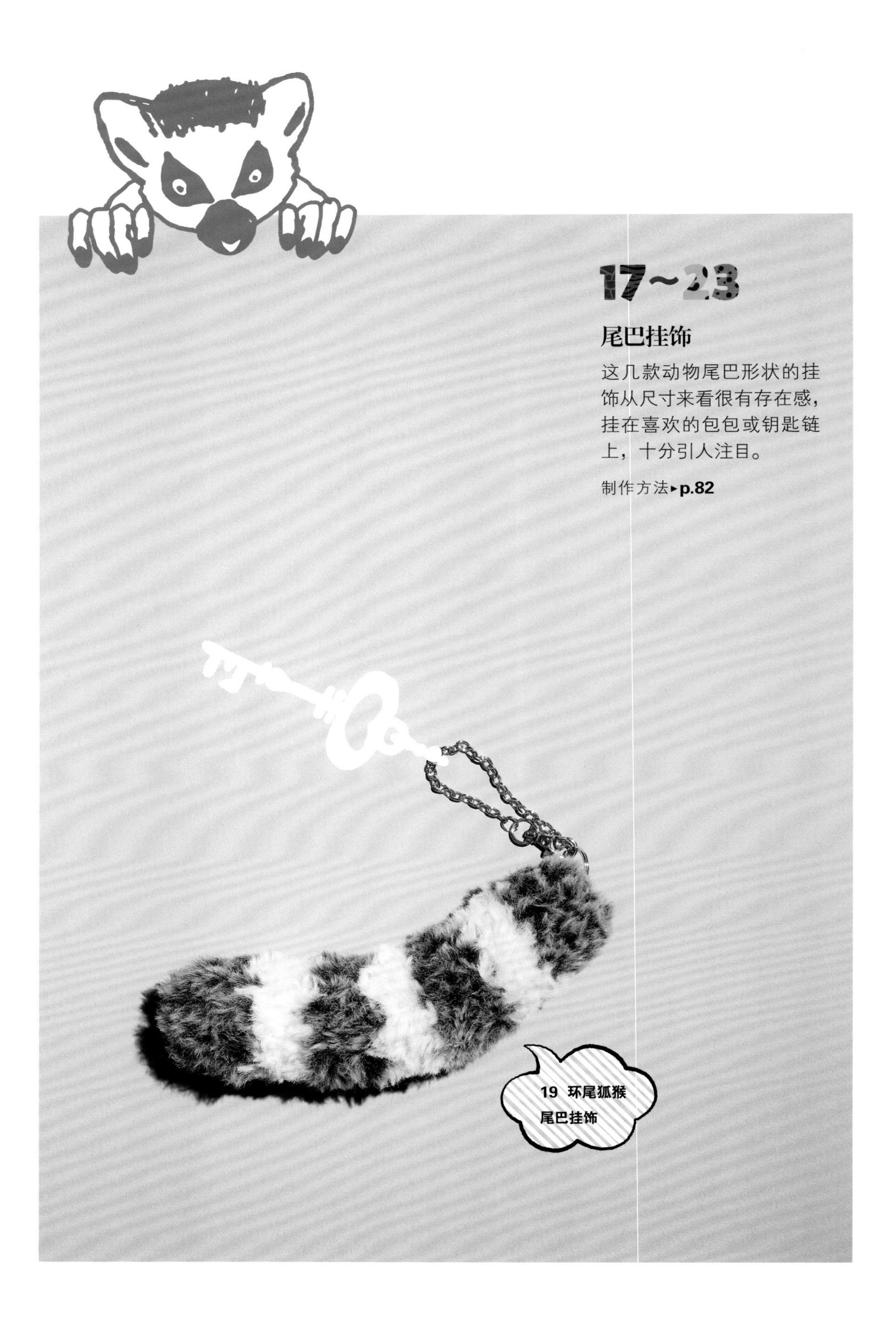

## 17~23

### 尾巴挂饰

这几款动物尾巴形状的挂饰从尺寸来看很有存在感，挂在喜欢的包包或钥匙链上，十分引人注目。

制作方法▸**p.82**

19 环尾狐猴
尾巴挂饰

18 波斯猫
尾巴挂饰
23 狮子
尾巴挂饰

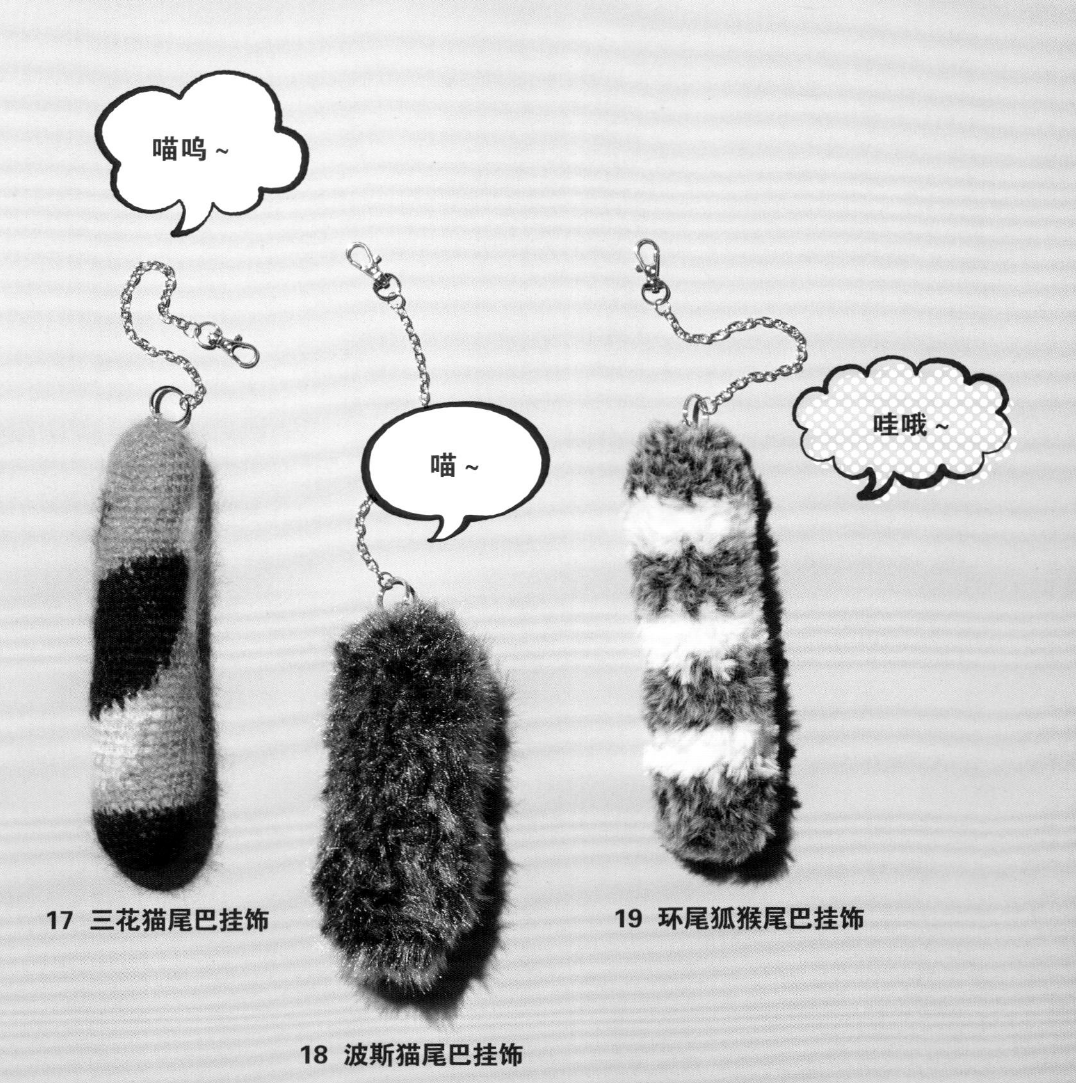

17 三花猫尾巴挂饰

18 波斯猫尾巴挂饰

19 环尾狐猴尾巴挂饰

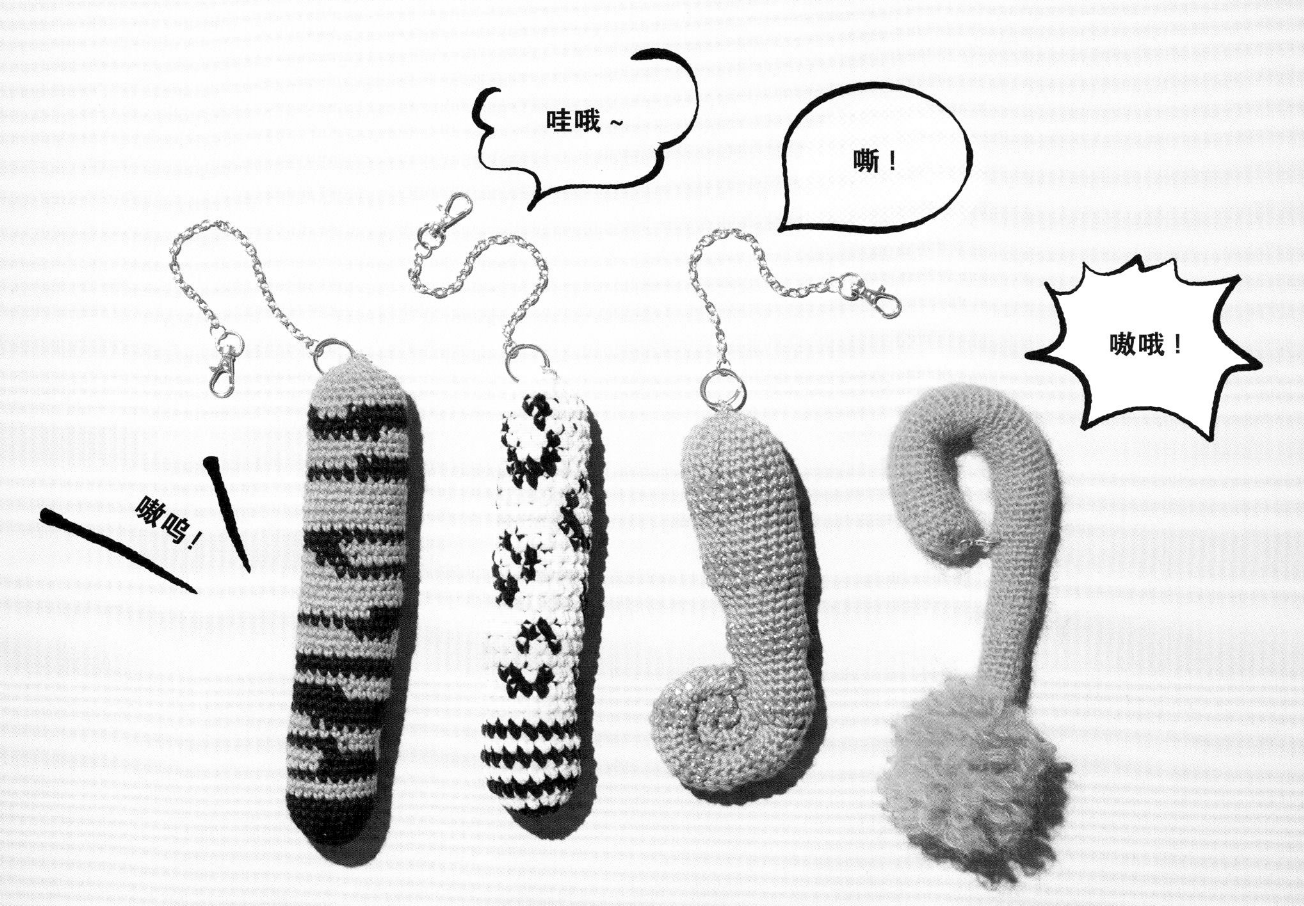


20 老虎尾巴挂饰　21 雪豹尾巴挂饰　22 变色龙尾巴挂饰　23 狮子尾巴挂饰

24

## 孔雀图案手拎包

用颜色鲜艳的 eco・ANDARIA 线，表现孔雀的华丽。这款孔雀图案手拎包不仅可以日常使用，也推荐度假时使用。

制作方法▸**p.85**

## 25

### 森林图案圆饼包

这款包包在圆形的织片上钩织上了树的图案。想要简洁一些时可以直接使用，想要变换风格时，可以固定上动物图案徽章。

制作方法▸**p.87**

## 26~28

### 动物图案徽章

动物形状的徽章，非常适合和森林图案的圆饼包一起使用。戴在简洁的 T 恤或衬衫上也非常亮眼。

制作方法▸p.89

29 豹纹水桶包

## 动物图案水桶包

简单的水桶包与人气图案的组合。有图案的外罩可以轻松拆卸，搭配不同的衣服来选择花样吧。

制作方法▸**p.90**

**30 虎纹水桶包**

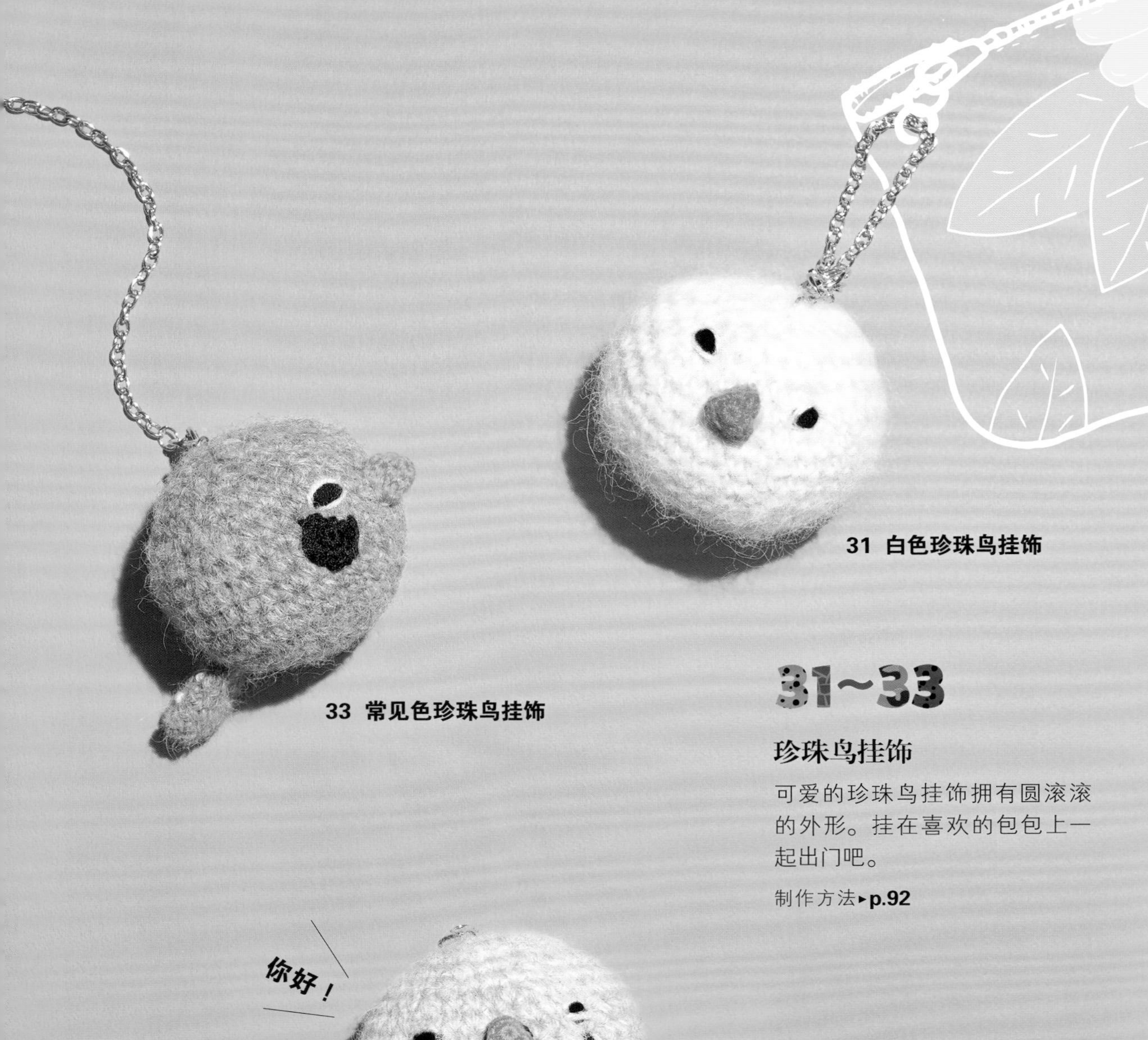

31 白色珍珠鸟挂饰

33 常见色珍珠鸟挂饰

## 31~33

### 珍珠鸟挂饰

可爱的珍珠鸟挂饰拥有圆滚滚的外形。挂在喜欢的包包上一起出门吧。

制作方法▸p.92

32 泪痕珍珠鸟挂饰

# Lesson & How to make

# 编织课堂＆制作方法

以下将介绍各个作品的制作方法和特殊的编织方法等。快来做做看吧！

# 编织课堂

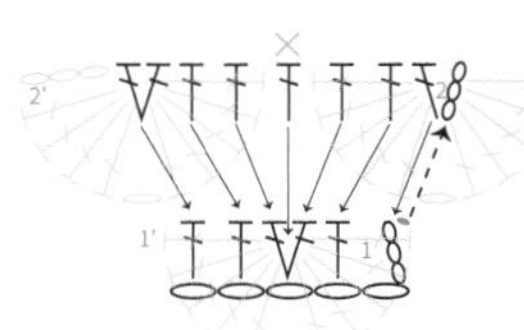

## 编织花样（鱼鳞针）作品01~03

用长针作为基础针，通过在底座上编织，制作出立体的鱼鳞花样。

### 第1行

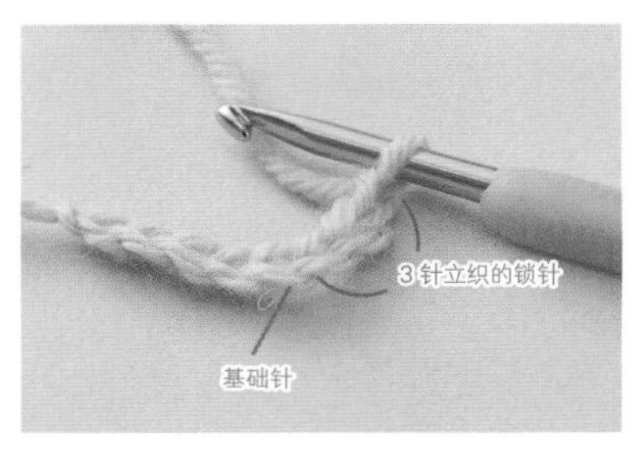


**01** 钩织5针锁针起针和3针立织的锁针。

**02** 按照编织图钩织5针长针。

### 第1'行

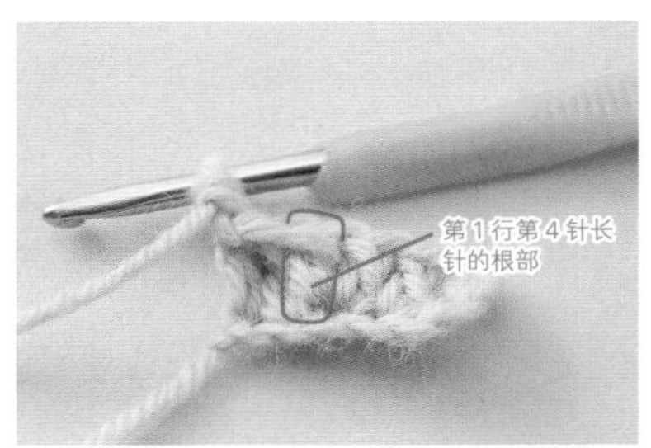


**03** 在第1行第4针长针的根部钩织1针长针。

**04** 按照与步骤**03**相同的方法，钩织4针长针。

**05** 钩织1针锁针，然后在第1行第3针长针的根部钩织5针长针。在第1行立织的锁针的第3针上钩织引拔针。

### 第2行

**06** 钩织3针立织的锁针，按照编织图在前一行的顶部钩织3针长针。

**07** 在第1行第3针和第4针长针的根部中间钩织1针长针。

**08** 按照编织图，在前一行的顶部钩织4针长针。

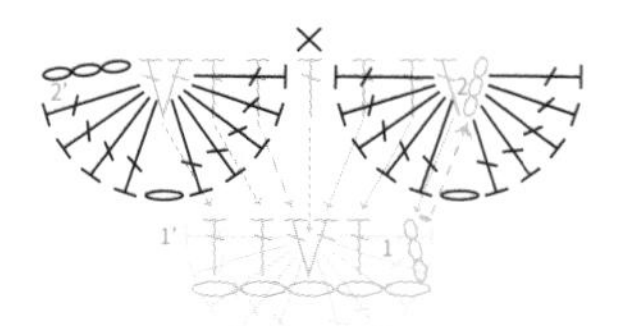

### 第2'行

**09** 钩织3针立织的锁针。

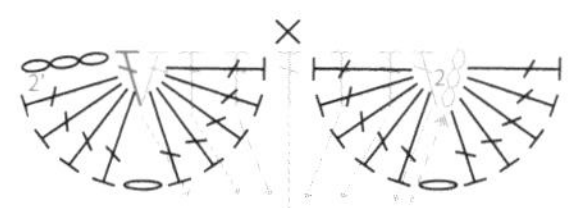

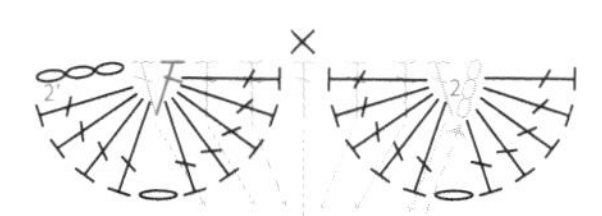

**10** 在第2行第9针长针（红色编织符号）的根部中间钩织4针长针。

**11** 钩织1针锁针，然后在第2行第8针长针（红色编织符号）的根部钩织5针长针。

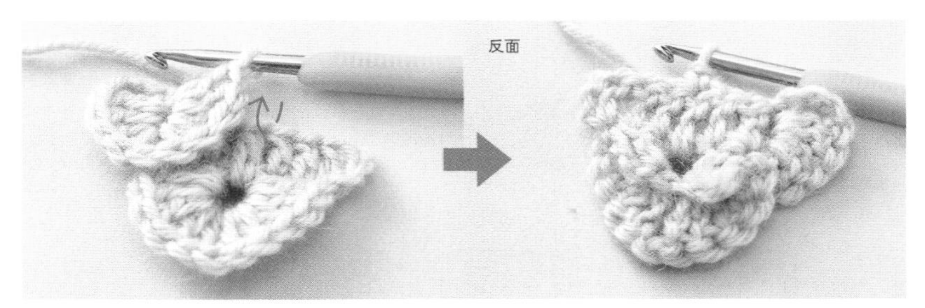


**12** 在第 2 行第 5 针的顶部，从反面钩织 1 针短针。

**13** 在第2行第2针长针（红色编织符号）的根部钩织5针长针。

**14** 钩织1针锁针，然后成束挑起第2行第1针的3针立织的锁针（红色编织符号），钩织5针长针。

## 编织花样（下针编织花样） 作品15

重复编织短针2针并1针和锁针，形成像棒针编织中的下针一样的纹理。

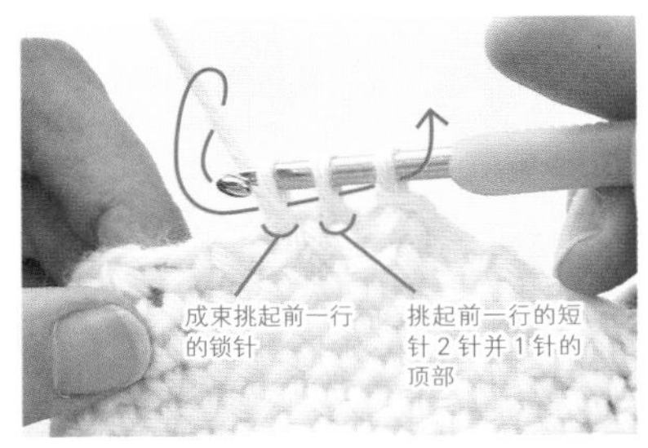


**01** 挑起前一行的短针2针并1针的顶部，再成束挑起前一行的锁针，挂线后按照箭头方向引拔（短针2针并1针）。

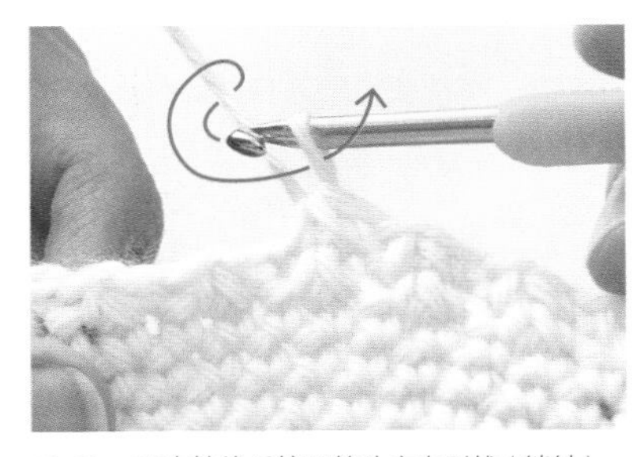

**02** 再次挂线后按照箭头方向引拔（锁针）。

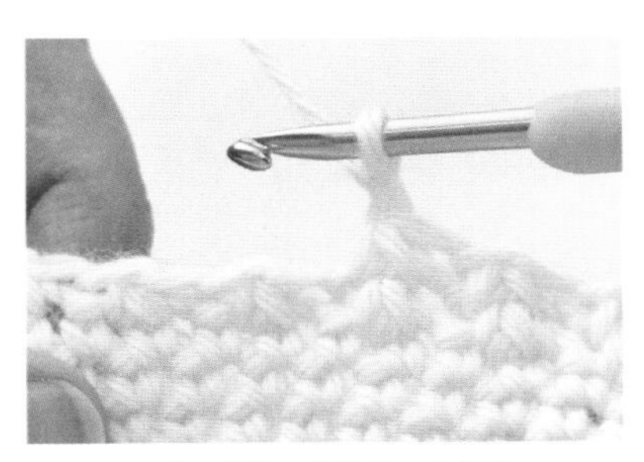

**03** 完成下针编织花样的 1 个花样。

## 平针短针 作品12~14

虽然编织方法与短针相同，但并不挑起前一行的顶部钩织，而是挑起根部的中间，从而形成像棒针编织中的下针一样的纹理。

**01** 入针位置是前一行短针的根部。

**02** 用针分开前一行短针根部的两根线，入针。

**03** 挂线后按照箭头方向拉出。

**04** 再次挂线后按照箭头方向将 2 根线一起引拔。

**05** 完成 1 针平针短针。

## 短针的圈圈针 作品 04、23

编织方法与短针相同，不过在挂线时需要用中指将线下压，从而在反面形成线圈。

### 短针的圈圈针 1 针放 2 针

重复钩织2次步骤**01~05**。

### 短针的圈圈针2针并1针

在第1针上入针，挂线后拉出，在下一个针目上钩织步骤**01**、**02**，再次挂线，一次将针上的3个线圈引拔出。

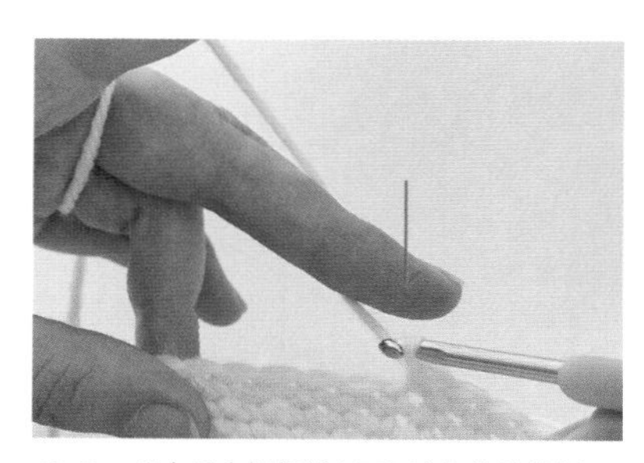

**01** 用左手中指将线向下压向织片的外侧。

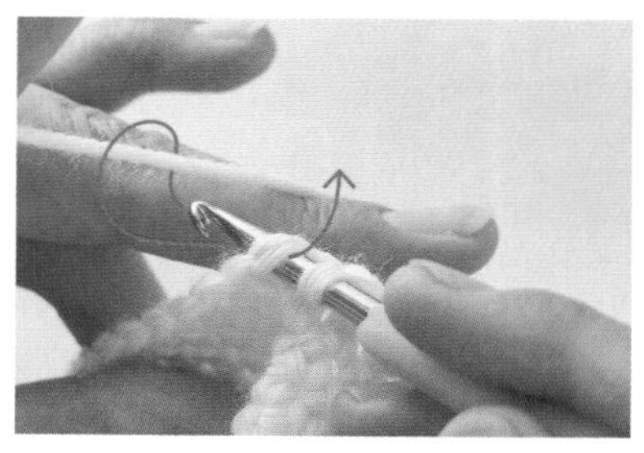

**02** 保持向下压线的状态，钩针按照箭头方向挂线后拉出。

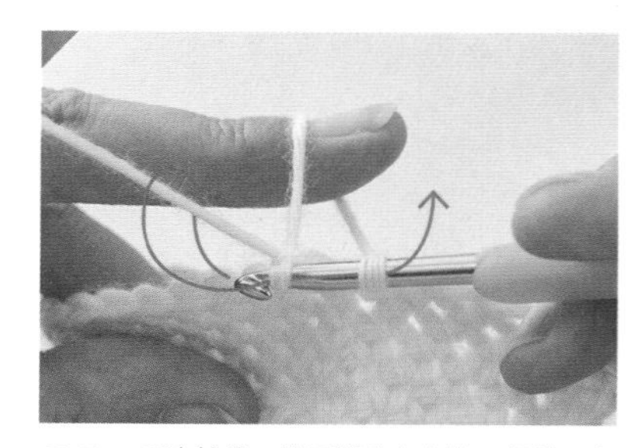

**03** 再次挂线，按照箭头方向将 2 根线一起引拔。

**04** 完成 1 针短针的圈圈针。

**05** 抽出左手中指，背面就会出现线圈。

**06** 连续编织好短针的圈圈针的样子。

## 编织花样（变形的交叉针）作品25

将长针的正拉针交叉，制作出立体花样。

### 变形的长针的正拉针1针和2针的交叉针（右上）

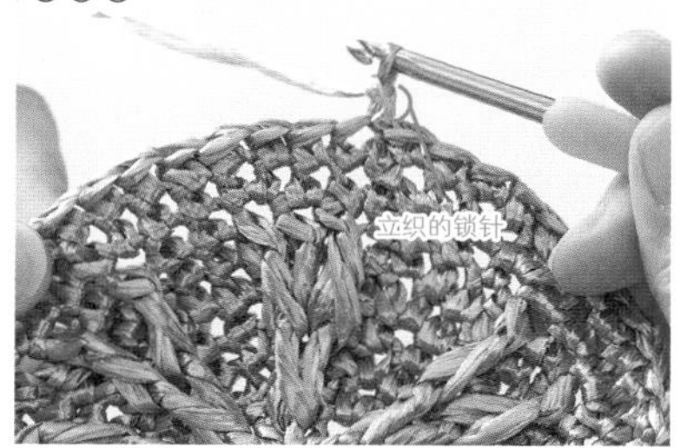


**01** 钩织 1 针立织的锁针。

**02** 挂线，按照箭头方向在前面第3行第2针的根部入针。

**03** 挂线后钩织长针。

**04** 再次挂线，挑起前面第3行第3针的根部，钩织1针长针的正拉针。

**05** 再次挂线，挑起前面第3行第1针的根部，钩织1针长针的正拉针。

**06** 变形的长针的正拉针1针和2针的交叉针（右上）钩织好了1个花样的样子。

### 变形的长针的正拉针2针和1针的交叉针（左上）

**01** 挂线，在前面第 3 行第 3 针的根部按照箭头方向入针，钩织长针。

**02** 再次挂线，穿过步骤 **01** 的长针的正拉针的后方，在前面第 3 行第 1 针的根部按照箭头方向入针，钩织长针。

**03** 再次挂线，穿过步骤 **01** 的长针的正拉针的后方，在前面第 3 行第 2 针的根部按照箭头方向入针，钩织长针。

**04** 变形的长针的正拉针 2 针和 1 针的交叉针（左上）钩织好了 1 个花样的样子。

## 大短针 作品24、25、29、30 ※ 挑针的位置参考各编织图

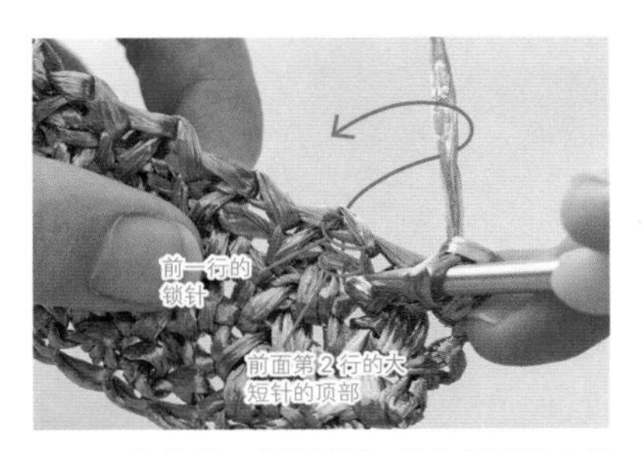


**01** 包住前一行的锁针，挑起前面第 2 行的大短针的顶部，挂线后拉出。

**02** 再次挂线，按照箭头方向将 2 根线一次性引拔。

**03** 完成 1 针大短针。

## 编织长绒毛线的技巧 作品05、16、18、19

例：20 针锁针起针。用短针往返编织。

从反面数的话是第11针，请多加注意

3 2 1

第20针 第10针 第1针

编织起点（20针锁针起针）

◯ 添加行数环的位置

**01** 钩织 20 针锁针作为起针，钩织好第 1 针后，在第 1 针、第 10 针、第 20 针上添加行数环。第 2 行以后也用相同的方法，在编织图◯处的针目上添加行数环。

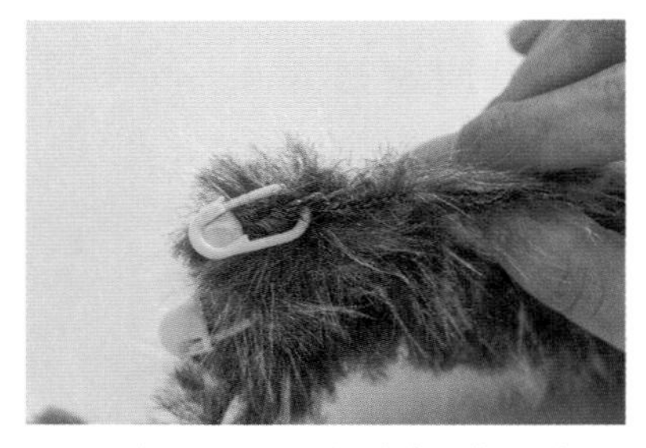

**02** 在第 3 行第 20 针添加好行数环的样子。

**03** 不论前一行是 1 针放 2 针，还是菱形针，或是跳过针目，在行数环之间都有均等的 10 针即可。

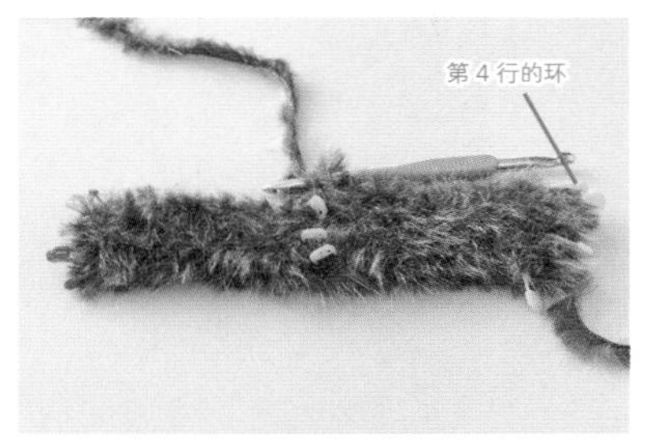


**04** 第 4 行钩织好 10 针的样子。

# 提花花样的换线方法 作品06~08、09~11、12~14、16、17、20、21、29、30

## 在一行的中途换线（挂新线时）

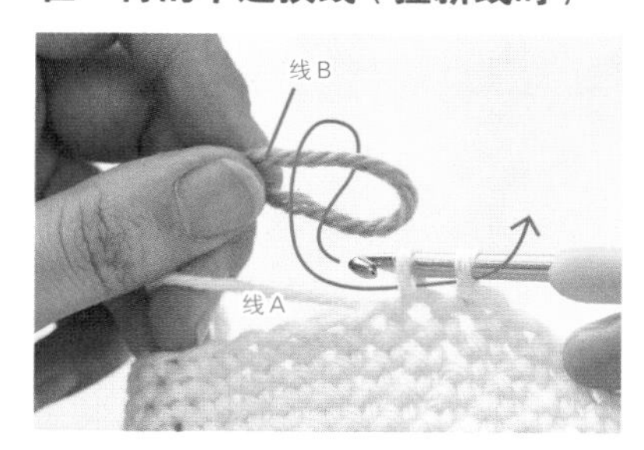


**01** 在替换成线 B 前的短针最后引拔时，在线 B 上挂线，按照箭头方向引拔。

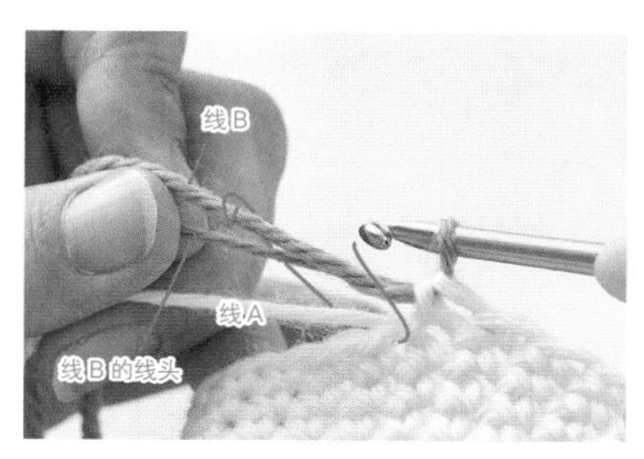


**02** 包住线 A、线 B 的线头，在线 B 上挂线，钩织 1 针短针。

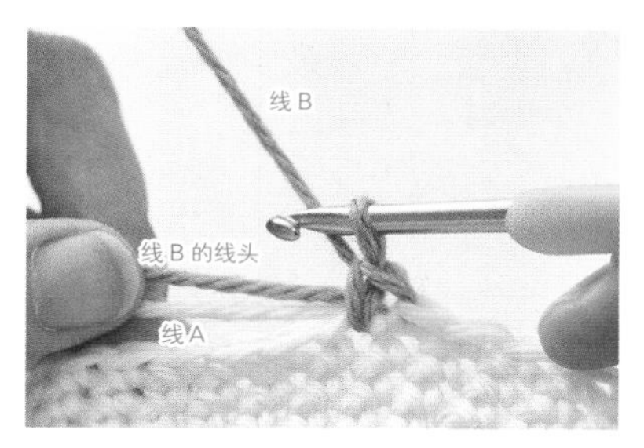


**03** 替换好线 B 的样子。

## 在一行的中途换线（用包起来的线替换时）

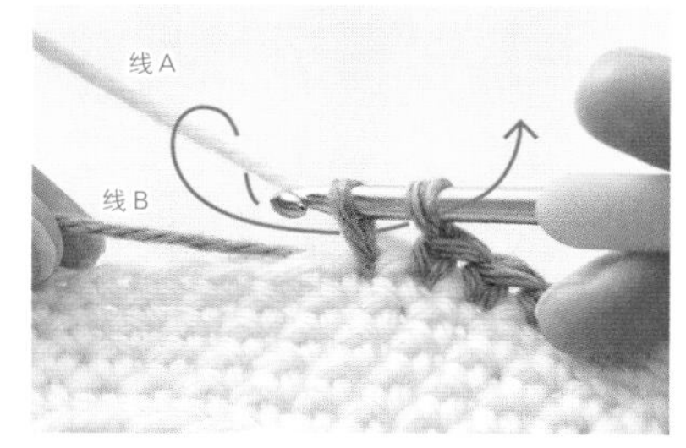


**01** 在替换成线 A 前的短针最后引拔时，在之前包起来的线 A 上挂线，按照箭头方向引拔。

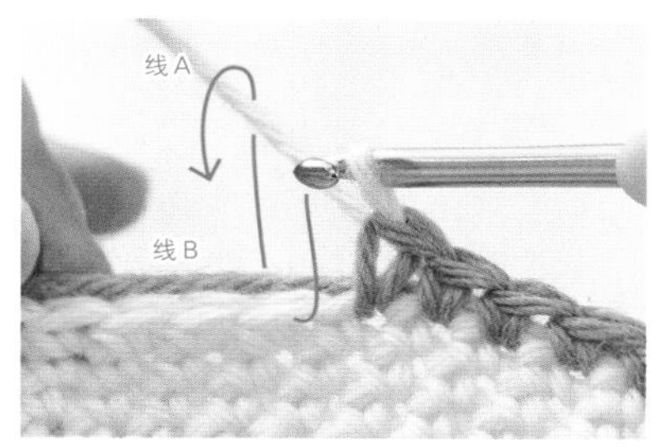


**02** 包住线 B，在线 A 上挂线，钩织 1 针短针。

**03** 替换好线 A 的样子。

## 在一行的起点换线（用包起来的线替换时）

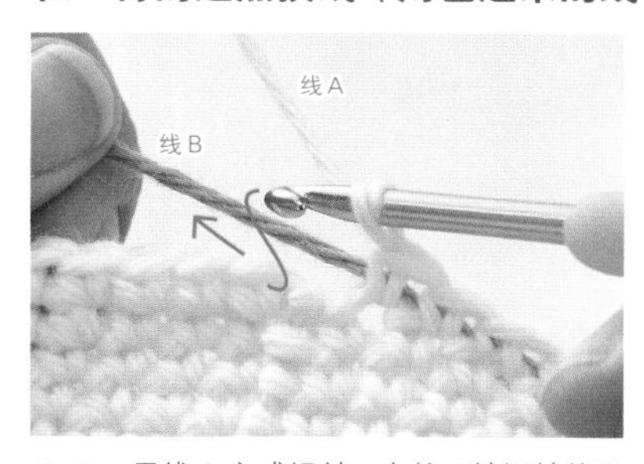


**01** 用线 A 完成短针，在第 1 针短针的顶部入针。

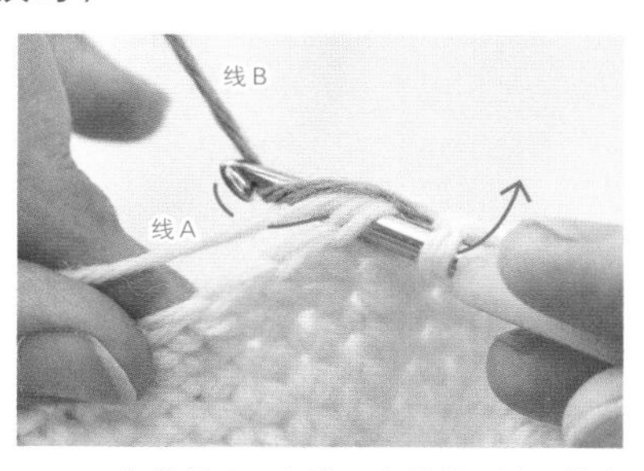


**02** 包住线 A，在线 B 上挂线，按照箭头方向引拔。

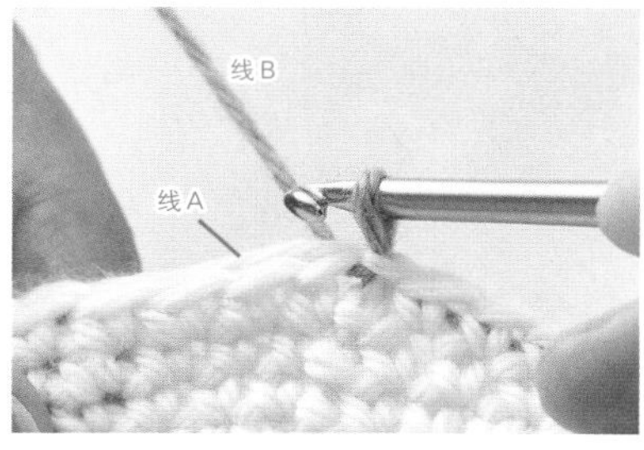


**03** 替换好线 B 的样子。

## 半立体图案的组合方法 作品09~11

请结合各部件的编织图和详细的脸部制作方法等进行参考。

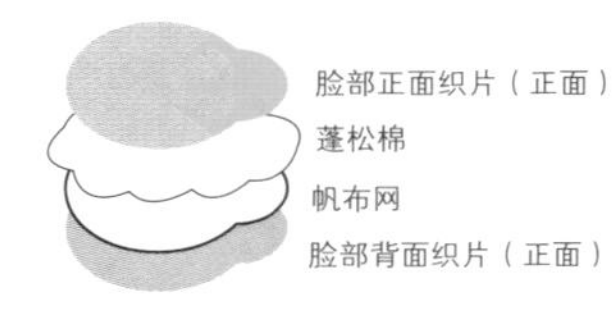


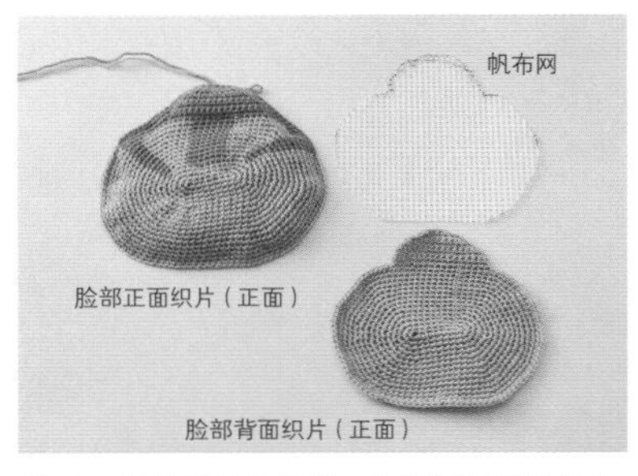


**01** 准备所需的部件。按照脸部背面织片，帆布网用记号笔画出形状后剪下备用。

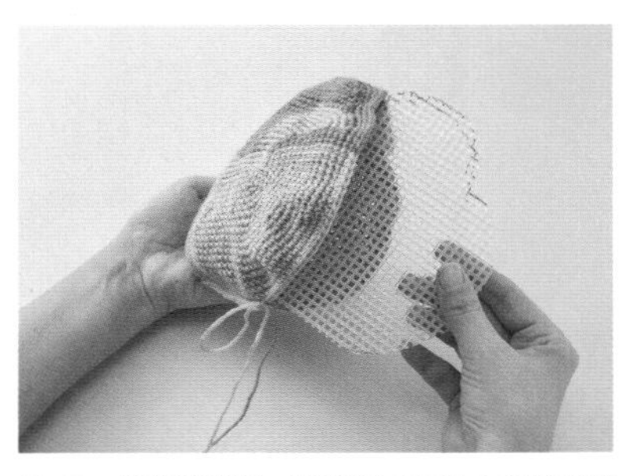

**02** 按照编织图，将脸部正面织片和脸部背面织片反面相对，用短针接缝，缝合至帆布网放入位置，然后放入帆布网。

**03** 继续接缝缝合至蓬松棉填充位置，然后在帆布网上方填入适量蓬松棉。

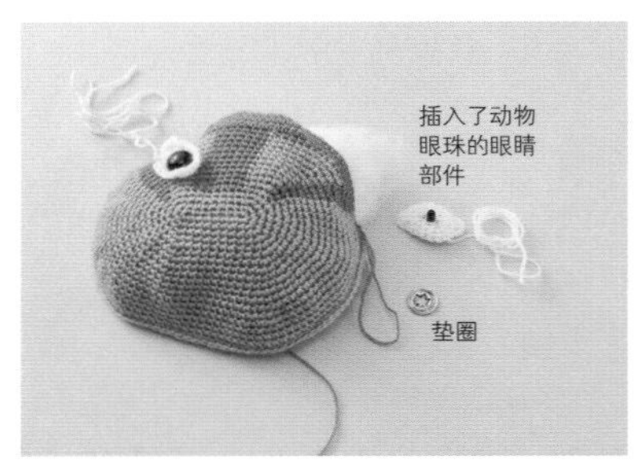


**04** 将插入了动物眼珠的眼睛部件插在脸部正面织片上。

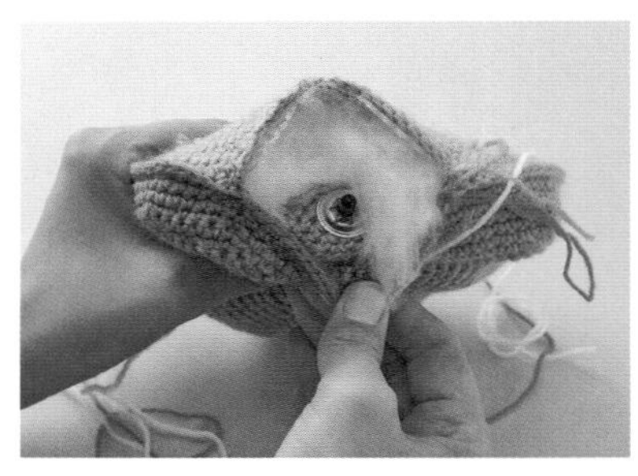

**05** 从脸部正面织片的反面用垫圈固定动物眼珠。

**06** 安装2个动物眼珠后，将脸部正面织片用短针接缝至最后。

**07** 将眼睛部件的线头穿入手缝针，将其缝在织片上。

**08** 为了让眼珠凹陷一些，可从内眼角向脸部背面织片入针。

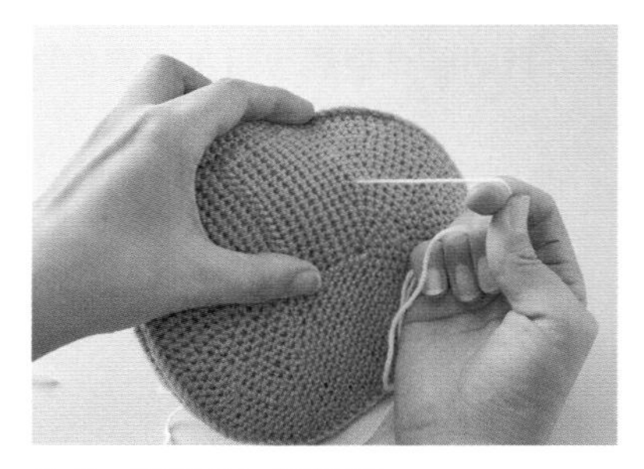

**09** 穿至反面，将线拉紧。

**10** 在不同的位置入针，注意不要让线脱针。

**11** 眼尾一侧也按照与步骤**08**～**10**相同的方法处理，然后在脸部背面织片的反面打结固定。按照相同的方法处理另一只眼睛部件。

**12** 在编织图（p.68）的嘴部刺绣位置，用拇指从下向上推里面的蓬松棉，令此处凹陷。

**13** 取2根嘴部用刺绣线，在脸部背面织片的中心处打结固定（在嘴部略上方）。

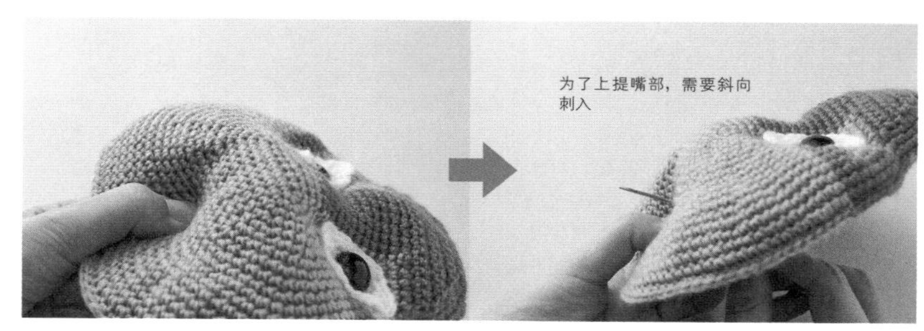


**14** 将针刺入在步骤 **12** 中用拇指压住的位置。

**15** 保持拇指压住的状态，将线拉出，从旁边3个针目左右的位置入针。

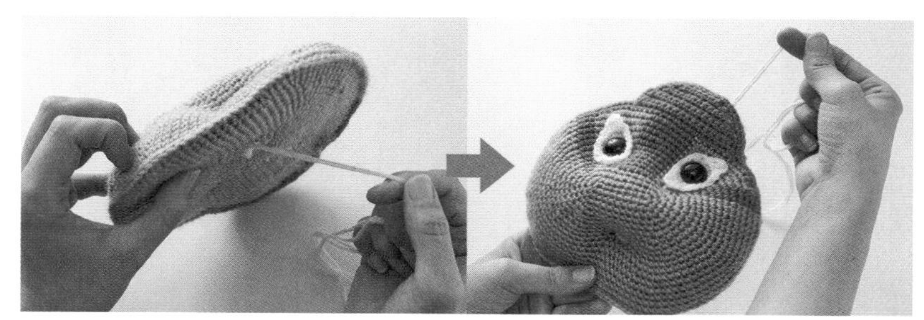

**16** 从脸部背面织片的中心处出针，将线向上拉，打结固定。

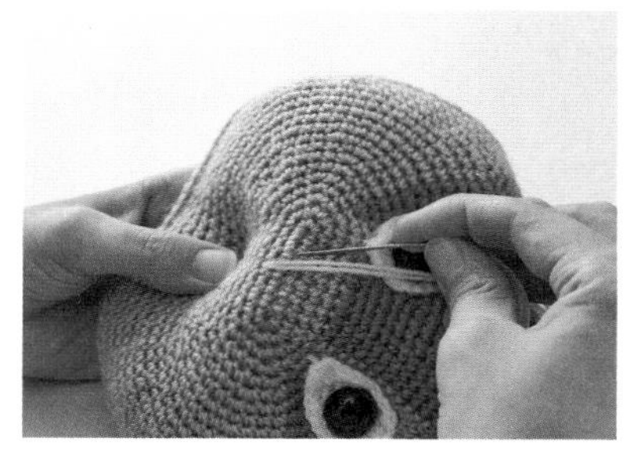

**17** 继续在脸部正面织片的正面刺绣鼻子（无须凹陷，所以不用在反面拉紧）。

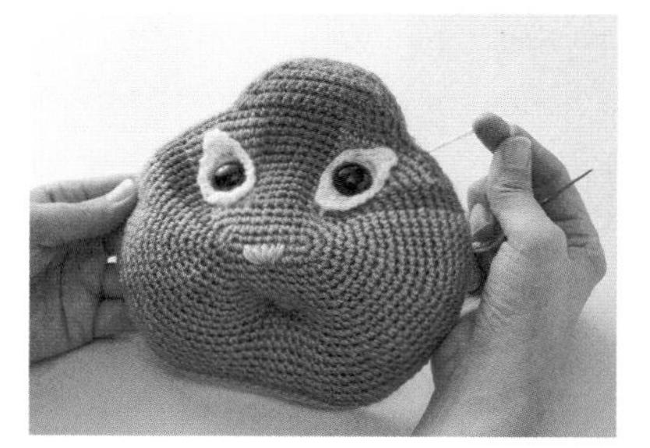

**18** 将线轻轻穿至反面。

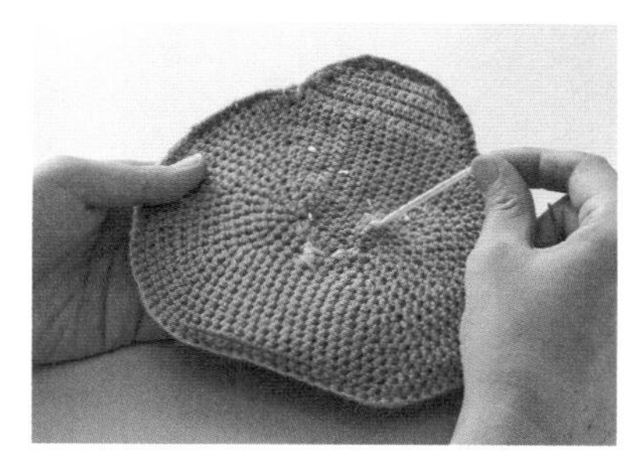

**19** 在脸部背面织片打结固定，然后将线剪断。

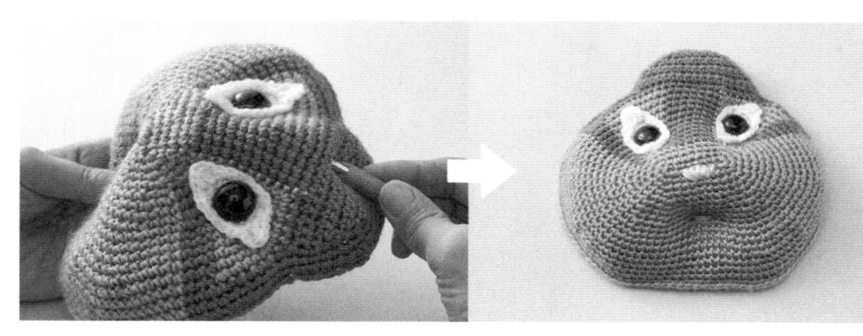

**20** 如果中间的蓬松棉跑偏了，插入钩针调整形状即可。

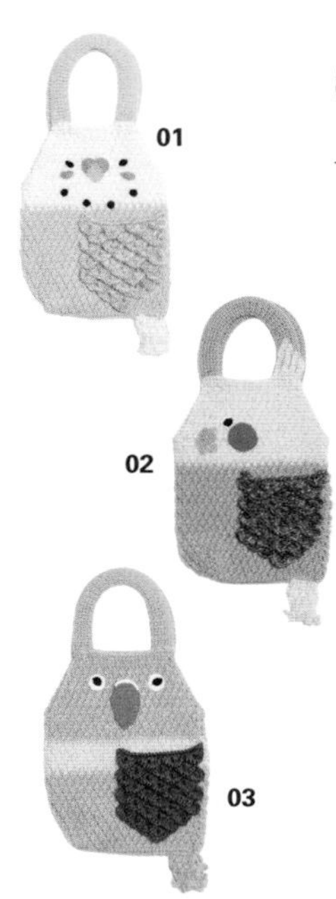


# 01~03 鹦鹉包 / p.8

[ **线** ] **01**：和麻纳卡 Mohair 白色（1）80g、浅水蓝色（3）135g、灰色（74）15g，Piccolo 水蓝色（43）5g、橙色（25）5g、黑色（20）5g、白色（1）少量

**02**：和麻纳卡 Mohair 黄色（30）80g、浅褐色（90）150g、深褐色（52）15g、红色（35）5g，Piccolo 浅褐色（38）5g、黑色（20）5g、白色（1）少量

**03**：和麻纳卡 Mohair 黄绿色（80）110g、黄色（30）35g、褐色（31）65g、绿色（102）30g，Piccolo 红色（26）5g、黑色（20）5g、白色（1）5g

[ **针** ] 钩针6/0号、4/0号，毛线缝针

[ **编织密度** ] 编织花样10cm×10cm面积内：15针、16行

[ **完成尺寸** ] 参考图片

[ **制作方法** ] ※Mohair线使用2根编织。

①钩织主体。在40针锁针的起针上，编织82针短针。按照编织图，编织至第39行。继续往返编织编织袋口至第16行。另一侧也按照编织图，挂线后编织至第16行。

②继续按照编织图，在袋口一圈用短针编织边缘。

③参考**提手编织图**，编织2条提手。

④按照各部件编织图，编织口袋、尾羽和脸部等各部件。

⑤参考**组合方法**和**脸部的制作方法**，将各个部件缝在主体上。

**01**

〈**斑点编织图**〉

*Piccolo 线色：黑色

*编织4片

*钩针4/0号

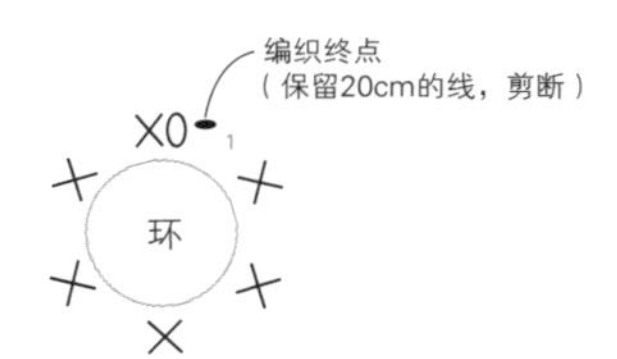


〈**脸蛋色块编织图**〉

*Piccolo 线色：水蓝色

*编织2片

*钩针4/0号

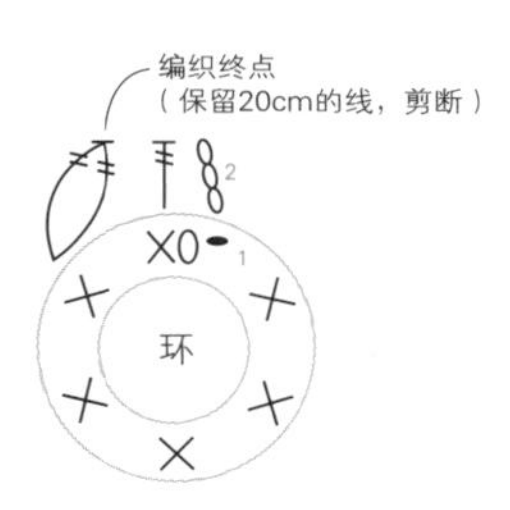


〈**喙编织图**〉

*Piccolo

*钩针4/0号

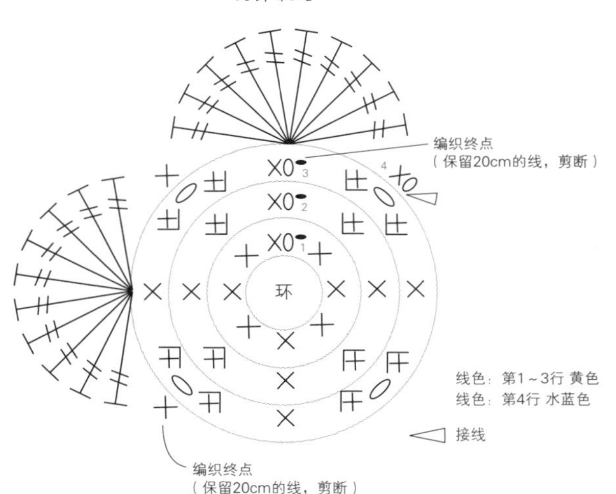

## 02

### 〈喙编织图〉

*Piccolo 线色：浅褐色

* 钩针4/0号

* 边缘编织是从第4行的最后1针开始继续编织

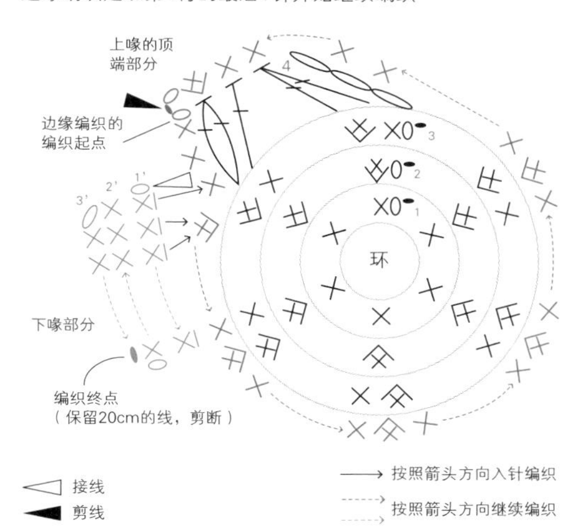


### 〈脸蛋色块编织图〉

*Mohair 线色：红色（使用2根线）

* 钩针6/0号

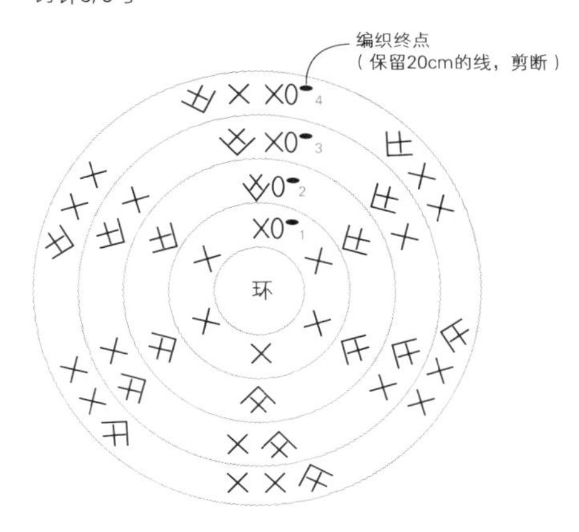


### 〈鼻孔编织图〉

*Piccolo 线色：浅褐色

* 钩针4/0号

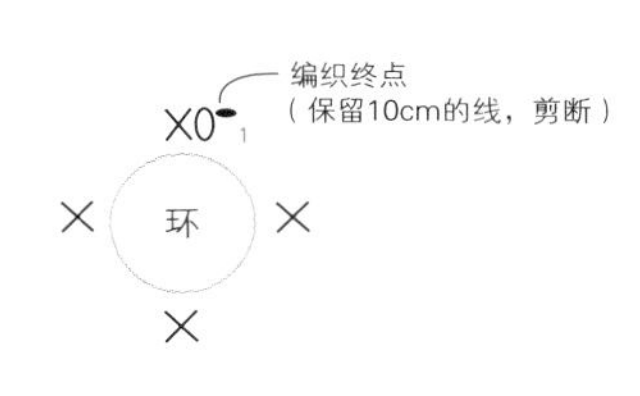


### 〈白眼球编织图〉

*Piccolo 线色：白色

* 钩针4/0号

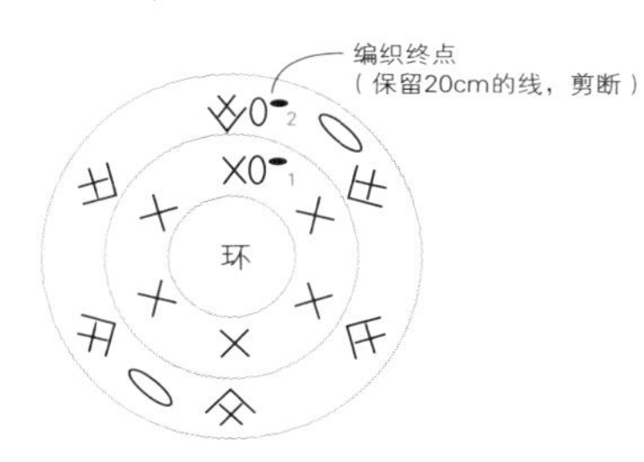


### 〈尾羽编织图〉

*Mohair 线色：黄色（使用2根线）

* 钩针6/0号

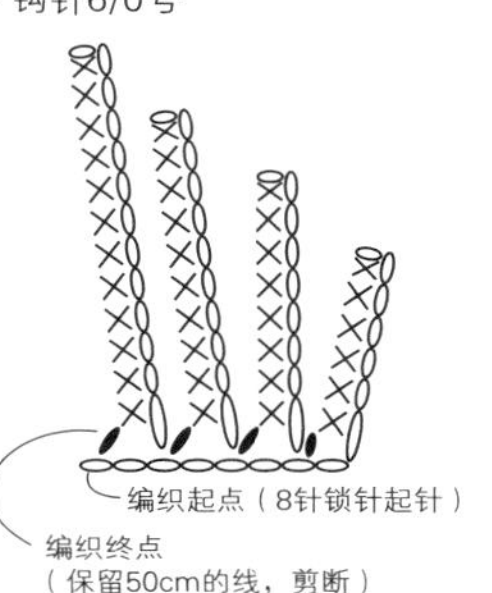


## 03

### 〈白眼球编织图〉

*Piccolo 线色：白色

* 编织2片

* 钩针4/0号

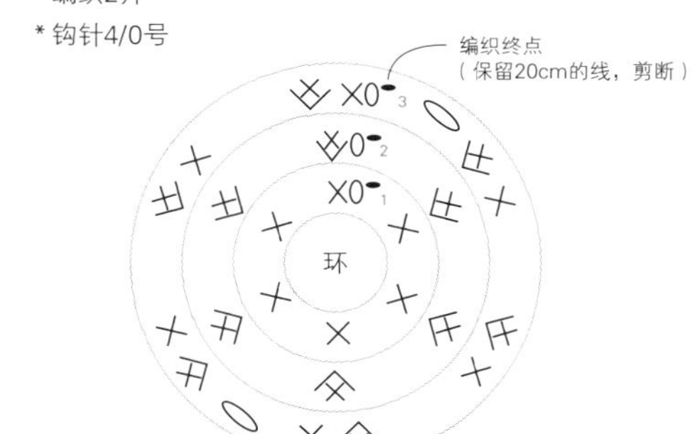


### 〈喙编织图〉

*Piccolo

* 钩针4/0号

* 边缘编织从第17行的最后1针开始继续编织

鼻子部分

编织终点
（保留30cm的线，剪断）

边缘编织
编织起点

编织起点
（1针锁针起针）

接线

剪线

线色：第1～17行，边缘编织 红色
线色：第1'行 白色

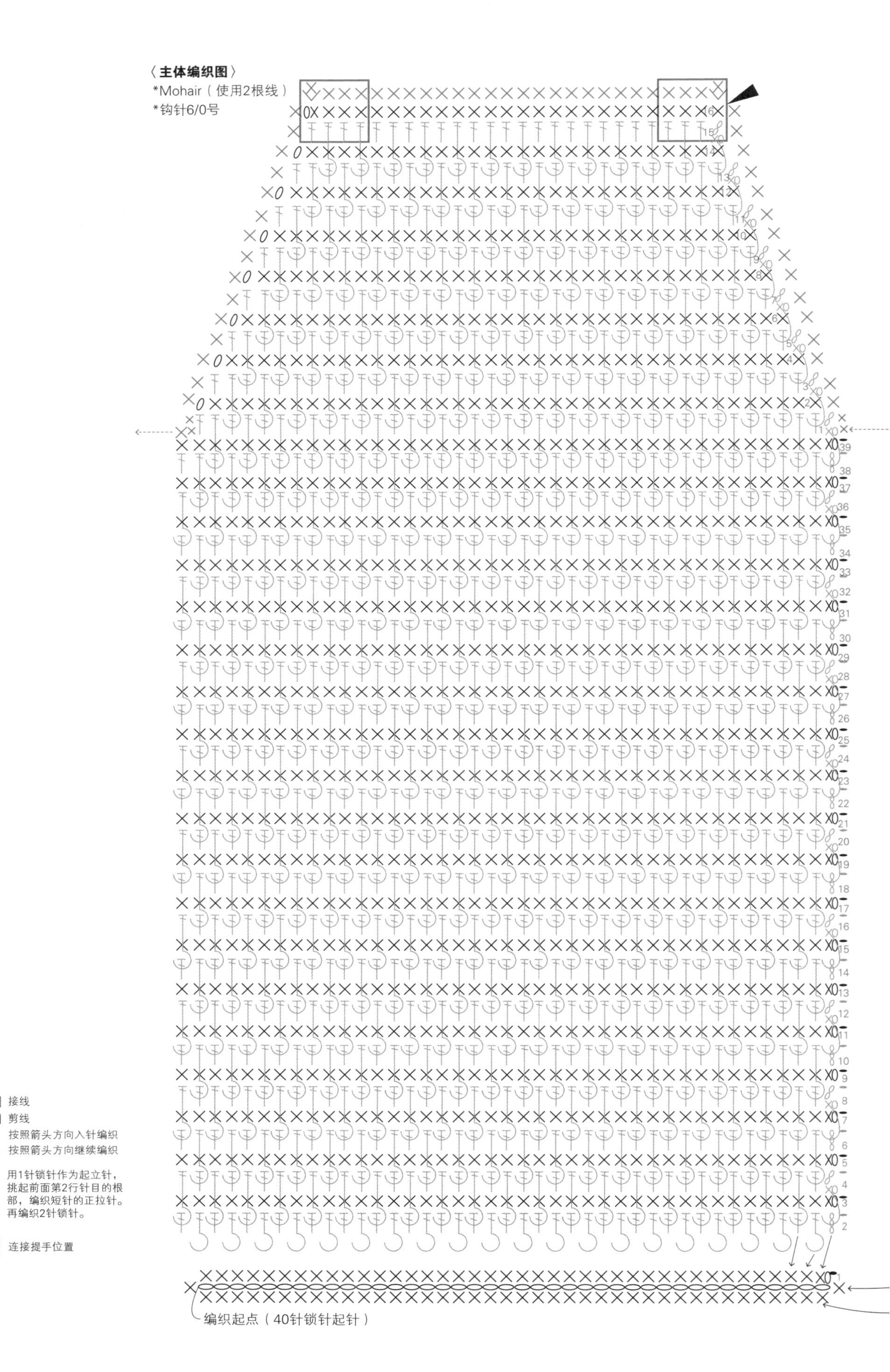
〈主体编织图〉
*Mohair（使用2根线）
*钩针6/0号
接线
剪线
按照箭头方向入针编织
按照箭头方向继续编织
用1针锁针作为起立针，挑起前面第2行针目的根部，编织短针的正拉针。再编织2针锁针。
连接提手位置
编织起点（40针锁针起针）

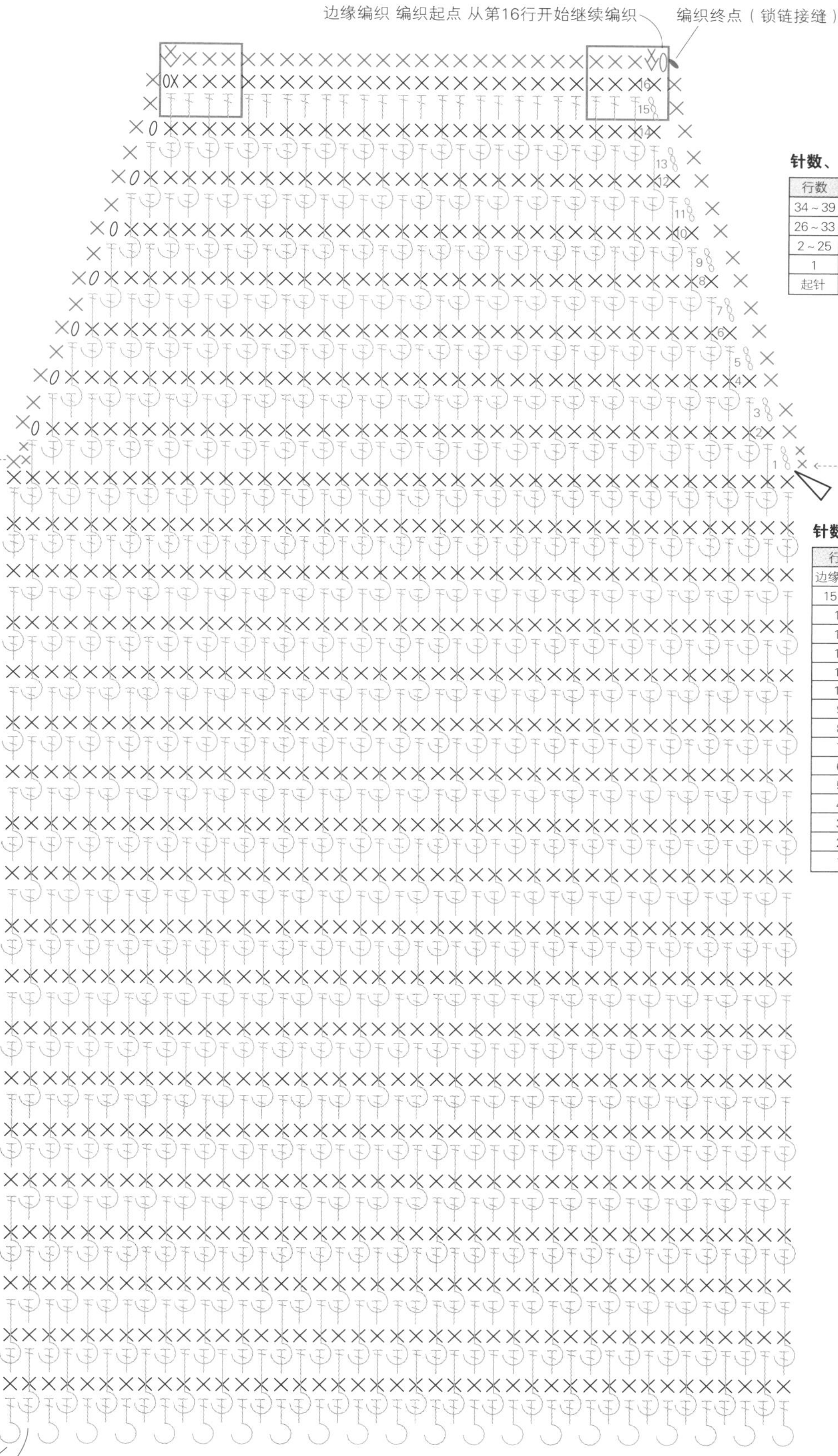


**针数、配色表**

| 行数 | 针数 | 加减针 | 配色01 | 配色02 | 配色03 | 部位 |
|---|---|---|---|---|---|---|
| 34～39 | 82针 | 无加减针 | 白色 | 黄色 | 褐色 | 主体 |
| 26～33 | | | 水蓝色 | 浅褐色 | 黄色 | |
| 2～25 | | | | | 黄绿色 | 底部 |
| 1 | 82针 | | | | | |
| 起针 | 40针锁针 | | | | | |

**针数、配色表**（袋口单面）

| 行数 | 针数 | 加减针 | 配色01 | 配色02 | 配色03 | 部位 |
|---|---|---|---|---|---|---|
| 边缘编织 | | | 白色 | 黄色 | 褐色 | 主体 |
| 15、16 | 26针 | 无加减针 | | | | |
| 14 | 26针 | −2针 | | | | |
| 13 | 28针 | 无加减针 | | | | |
| 12 | 28针 | −2针 | | | | |
| 11 | 30针 | 无加减针 | | | | |
| 10 | 30针 | −2针 | | | | |
| 9 | 32针 | 无加减针 | | | | |
| 8 | 32针 | −2针 | | | | |
| 7 | 34针 | 无加减针 | | | | |
| 6 | 34针 | −2针 | | | | |
| 5 | 36针 | 无加减针 | | | | |
| 4 | 36针 | −2针 | | | | |
| 3 | 38针 | 无加减针 | | | | |
| 2 | 38针 | −2针 | | | | |
| 1 | 40针 | | | | | |

## 01、02、03共用

### 〈尾羽编织图〉

*Mohair（使用2根线）

*钩针6/0号

*编织起点的线头保留20cm备用

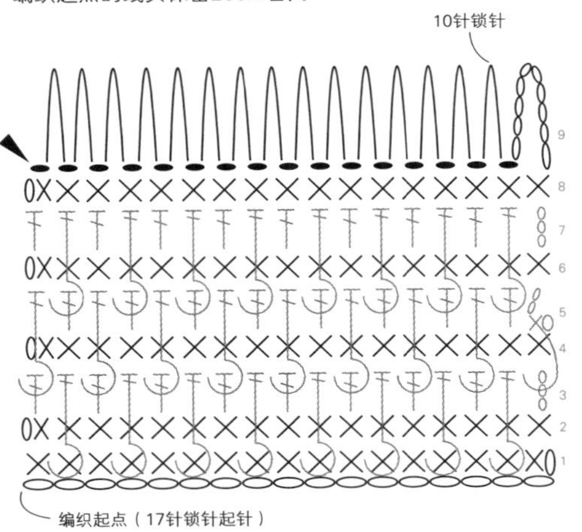


**01** 线色：白色
**02** 线色：黄色
**03** 线色：黄绿色

剪线

### 〈黑眼珠编织图〉

*Piccolo

* 钩针4/0号

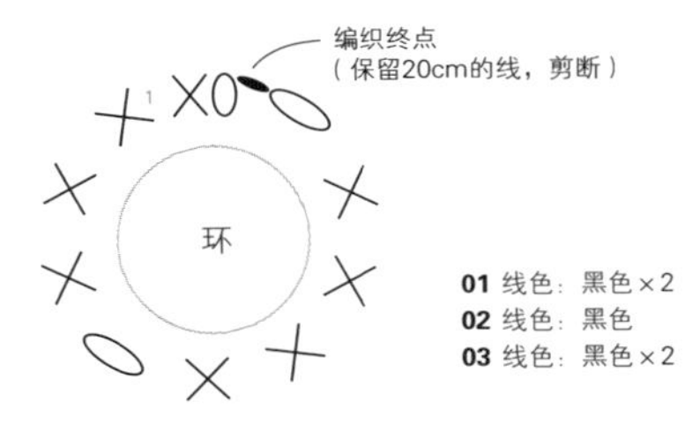


**01** 线色：黑色×2
**02** 线色：黑色
**03** 线色：黑色×2

### 〈口袋编织图〉

*Mohair（使用2根线）

*钩针6/0号

*鱼鳞针（p.42）

按照1→1'→2→2'…的顺序编织

编织终点
（保留80cm的线，剪断）

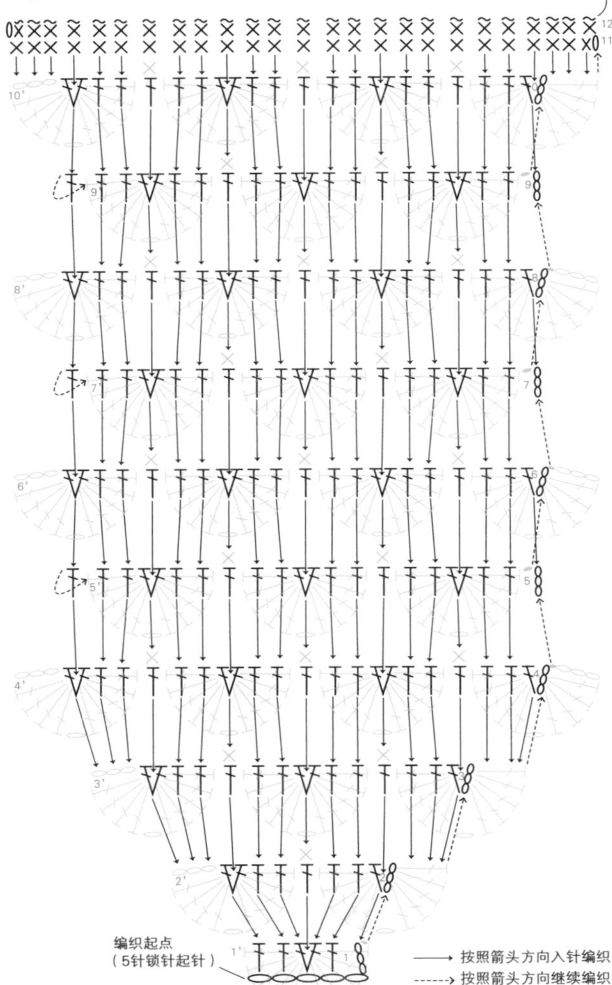


### 〈提手编织图〉

*Mohair（使用2根线）

*编织2根

*钩针6/0号

编织至第65行后，正面向外纵向对折，对齐每一行，继续按照箭头方向用短针接缝

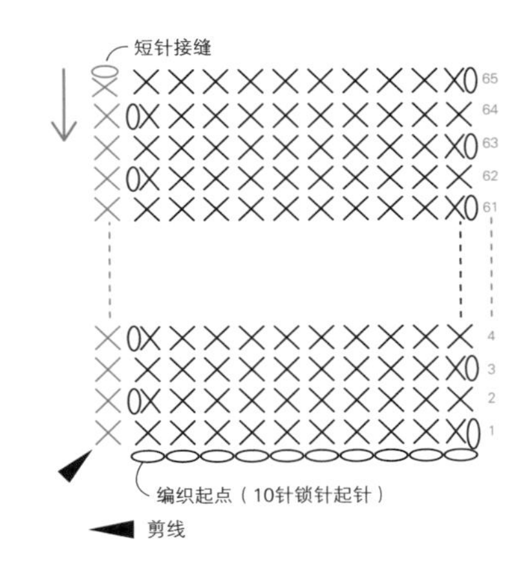


**针数、配色表**

| 行数 | 针数 | 加减针 | 配色01 | 配色02 | 配色03 |
|---|---|---|---|---|---|
| 1～65 | 10针 | 无加减针 | 水蓝色 | 浅褐色 | 黄绿色 |
| 起针 | 10针锁针 | | | | |

**针数、配色表**

| 行数 | 针数/花样 | 配色01 | 配色02 | 配色03 |
|---|---|---|---|---|
| 11、12 | 25针 | 白色和灰色 | 浅褐色和深褐色 | 绿色 |
| 10、10' | 4个花样 | | | |
| 9、9' | 3个花样 | | | |
| 8、8' | 4个花样 | | | |
| 7、7' | 3个花样 | | | |
| 6、6' | 4个花样 | | | |
| 5、5' | 3个花样 | | | |
| 4、4' | 4个花样 | | | |
| 3、3' | 3个花样 | | | |
| 2、2' | 2个花样 | | | |
| 1、1' | 1个花样 | | | |
| 起针 | 5针锁针 | | | |

〈在单侧制作侧边〉

①将主体织片翻至背面。

②捏起角，将起针与侧边线对齐，折成三角。用与主体相同线色的线，按图示位置缝合。

③将主体织片翻至正面。

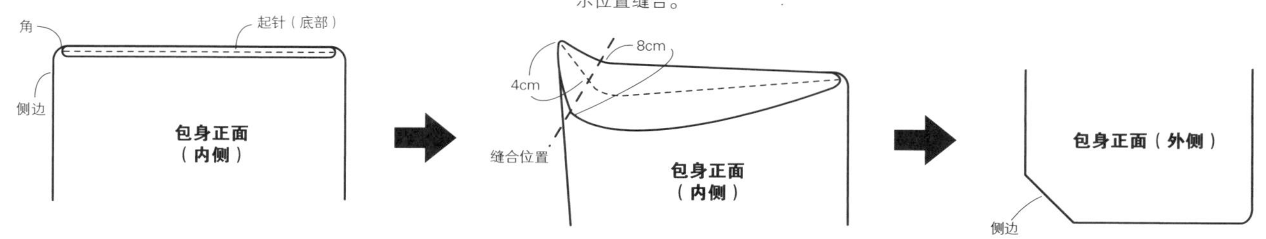


〈组合方法〉

〈提手、口袋、尾羽的连接方法和尺寸〉

用与脸部相同线色的线，将提手的顶端缝在主体编织图上连接提手位置的内侧。

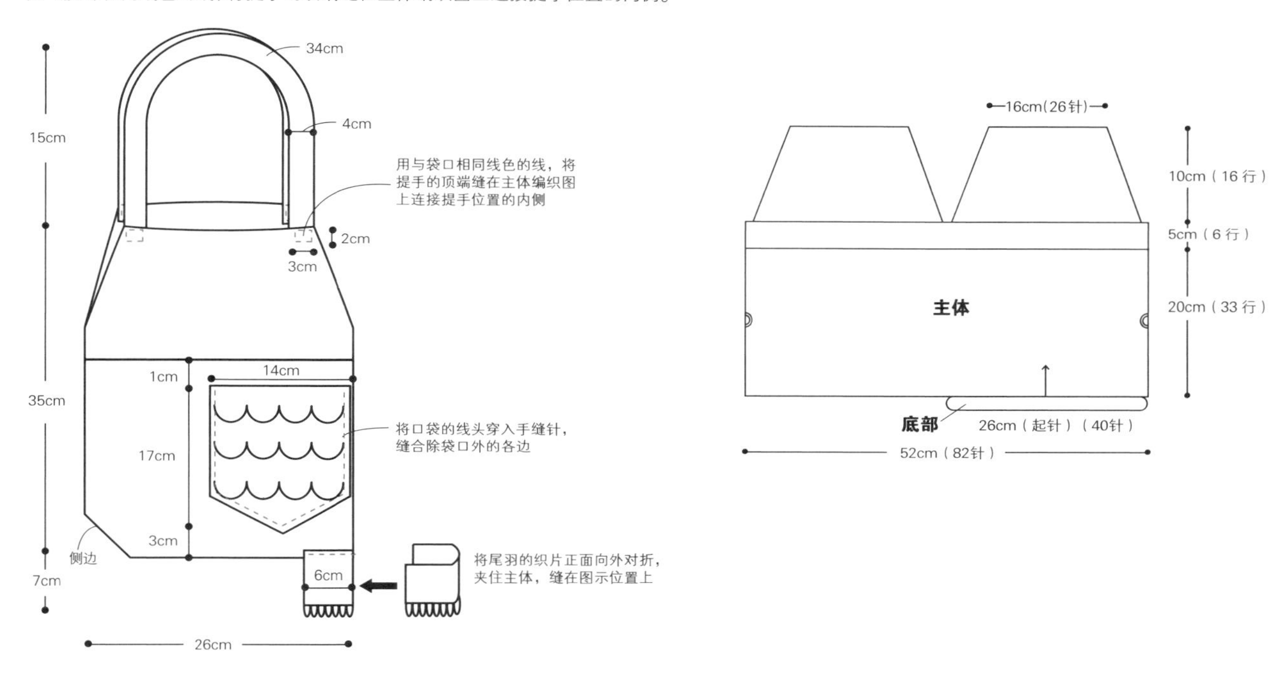


〈脸部的制作方法〉

将各个脸部部件的线头穿入手缝针，缝在图示位置上。

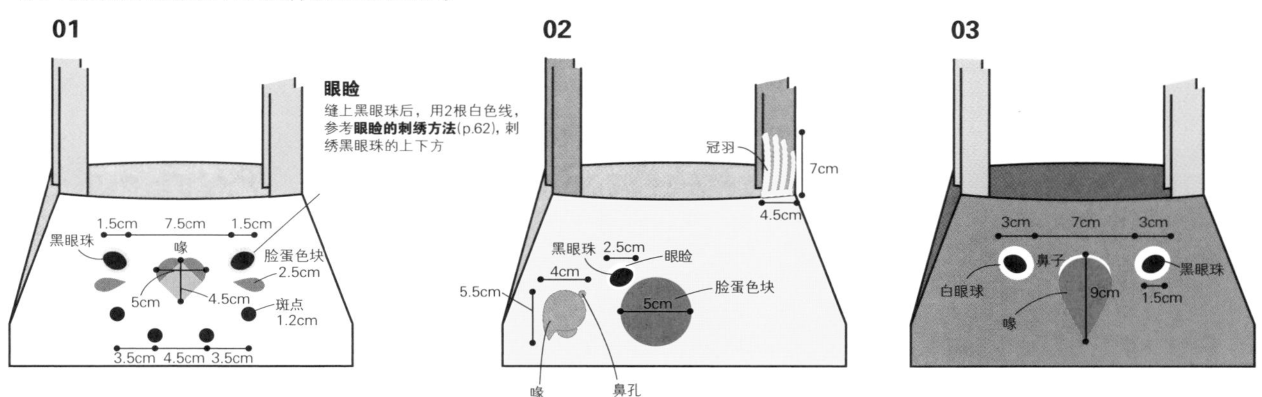

# 小刺猬波士顿包 / p.11

［线］和麻纳卡 Sonomono Hairy 白色（121）70g、米色（122）70g、深褐色（123）70g
EXCEED WOOL L <中粗> 白色（301）20g、米色（304）20g
［针］钩针7/0号、5/0号，毛线缝针，手缝针

［其他］合成革提手（黑色：48cm）1组，纽扣型动物眼睛（黑色：12mm）3个，拉链（米色：25cm）1条，蓬松棉少量，手缝线（白色）
［编织密度］圈圈针10cm×10cm面积内：16针、19行
［完成尺寸］参考图片

〈主体编织图〉
*钩针7/0号
*线色：白色、米色、深褐色（各1根，3根并为1股）

编织终点（保留30cm的线，剪断，将线头穿入毛线缝针，将最后1行的针目做卷针缝缝合，拉紧）

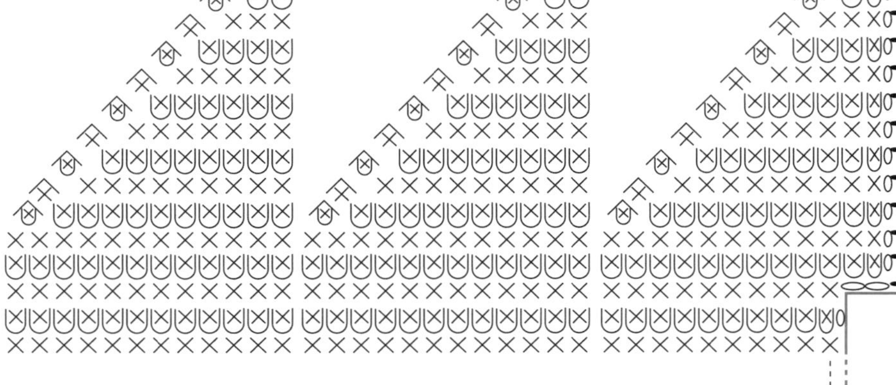

→ 按照箭头方向入针编织

□ 安装拉链位置

短针的圈圈针1针放2针（参考p.44）
在同一针目中钩织2针短针的圈圈针。

短针的圈圈针2针并1针（参考p.44）
第1针钩织未完成的短针，第2针钩织未完成的短针的圈圈针，挂线后一次性引拔。

**针数表**

| 行数 | 针数 | 加减针 | 部位 |
|---|---|---|---|
| 12 | 72针 | +6针 | 主体（靠近尾部） |
| 11 | 66针 | | |
| 10 | 60针 | | |
| 9 | 54针 | | |
| 8 | 48针 | | |
| 7 | 42针 | | |
| 6 | 36针 | | |
| 5 | 30针 | | |
| 4 | 24针 | | |
| 3 | 18针 | | |
| 2 | 12针 | | |
| 1 | 6针 | | |
| 起针 | 环 | | |

| 行数 | 针数 | 加减针 | 部位 |
|---|---|---|---|
| 70 | 6针 | -6针 | 主体（靠近脸部） |
| 69 | 12针 | | |
| 68 | 18针 | | |
| 67 | 24针 | | |
| 66 | 30针 | | |
| 65 | 36针 | | |
| 64 | 42针 | | |
| 63 | 48针 | | |
| 62 | 54针 | | |
| 61 | 60针 | | |
| 60 | 66针 | | |
| 59 | 72针 | 无加减针 | |
| 58 | 72针 | 无加减针 | 腹部 |
| 57 | 72针 | +2针 | |
| 16~56 | 70针 | 无加减针 | |
| 15 | 70针 | -2针 | |
| 13~14 | 72针 | 无加减针 | |

[ **制作方法** ]

①编织主体。环形起针，钩织6针短针。按照编织图，编织至第70行（第15～57行做往返编织）。因为在织片的反面会形成线圈，所以需要将反面当作包包的正面使用。编织终点保留30cm的线，剪断，将线头穿入毛线缝针，将最后1行的针目做卷针缝缝合，拉紧。

②制作脸部。分别编织脸部的各个部件，参考p.59**脸部的制作方法**，组合后缝在主体上。

③参考p.59**组合方法**，将拉链和提手分别缝在指定位置上。

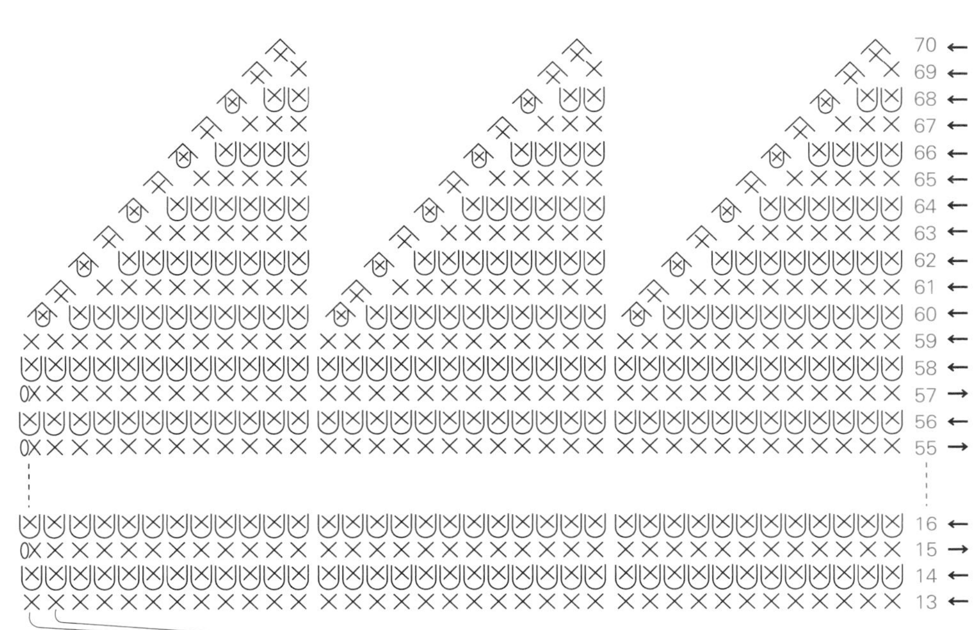


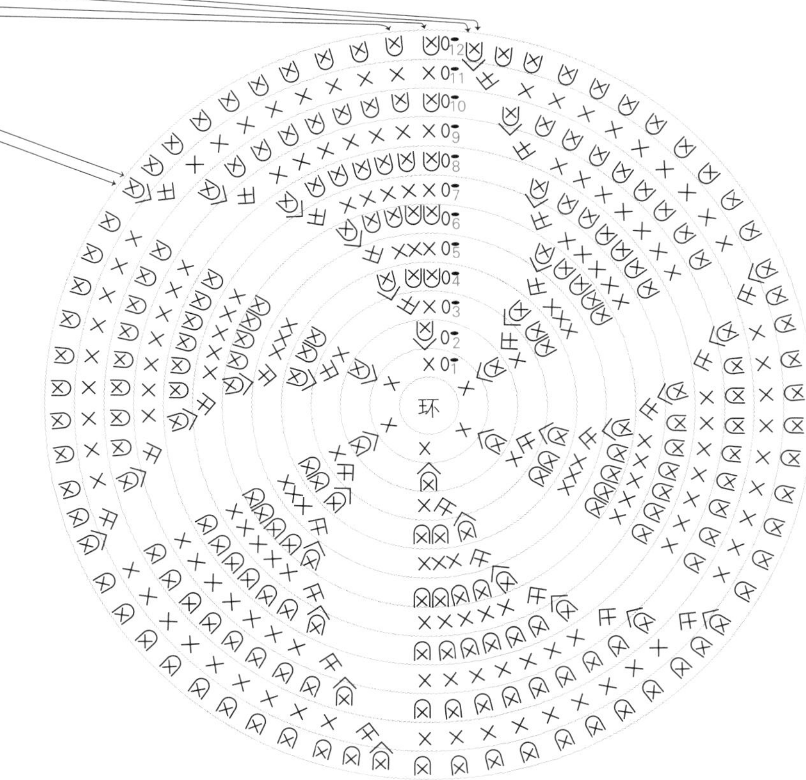

〈**脸部编织图**〉

*钩针5/0号

编织终点（保留40cm的线，剪断）

→ 按照箭头方向入针编织

EXCEED WOOL L <中粗> 线色：白色

EXCEED WOOL L <中粗> 线色：米色

安装动物眼睛位置

嘴部塑形位置

安装耳朵位置

**针数表**

| 行数 | 针数 | 加减针 | 部位 |
|---|---|---|---|
| 12 | 30针 | 无加减针 | 鼻尖 |
| 11 | 30针 | +6针 | |
| 10 | 24针 | +3针 | |
| 9 | 21针 | | |
| 8 | 18针 | | |
| 7 | 15针 | | |
| 6 | 12针 | | |
| 5 | 9针 | 无加减针 | |
| 4 | 9针 | +3针 | |
| 2、3 | 6针 | 无加减针 | |
| 1 | 6针 | | |
| 起针 | 环 | | |

| 行数 | 针数 | 加减针 | 部位 |
|---|---|---|---|
| 21 | 60针 | +6针 | 脸部 |
| 20 | 54针 | 无加减针 | |
| 19 | 54针 | +6针 | |
| 16~18 | 48针 | 无加减针 | |
| 15 | 48针 | +6针 | |
| 14 | 42针 | | |
| 13 | 36针 | | |

〈**耳朵编织图**〉

*钩针5/0号

*编织2个

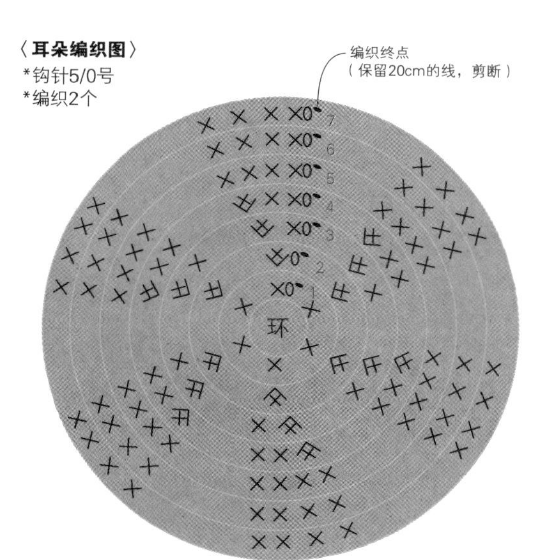

**〈脸部的制作方法〉**

①将米色线（使用2根线）穿过毛线缝针，将脸部编织图上的嘴部塑形位置从背面捏紧进行藏针缝缝合，形成凹陷。

②在编织终点，用剩余的线将脸部四周80%的部分用卷针缝缝合在主体上，填入蓬松棉后全部缝合。

③在手缝针上穿入2根手缝线，将纽扣型动物眼睛缝在脸部的指定位置上。

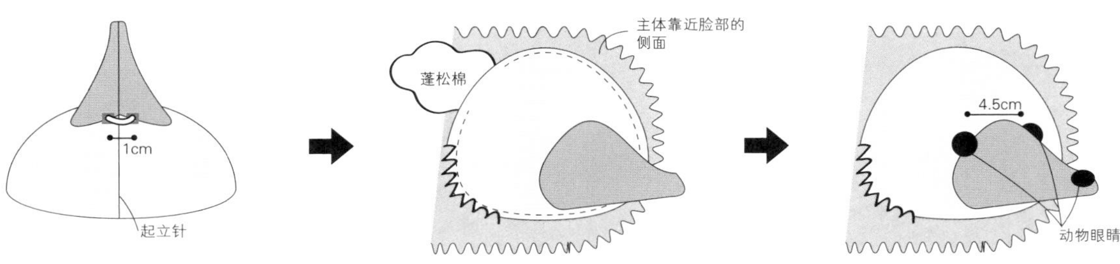


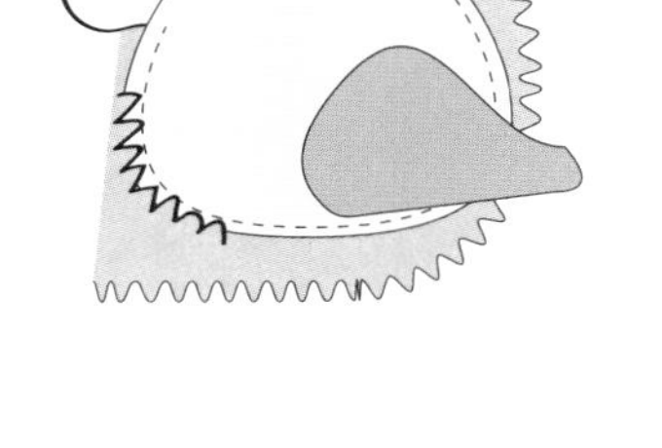

④将耳朵的织片捏紧，将编织终点剩余的线穿过毛线缝针，用卷针缝缝合最后1行。轻轻拉紧，形成圆润的耳朵。

⑤将耳朵缝在脸部的指定位置上。

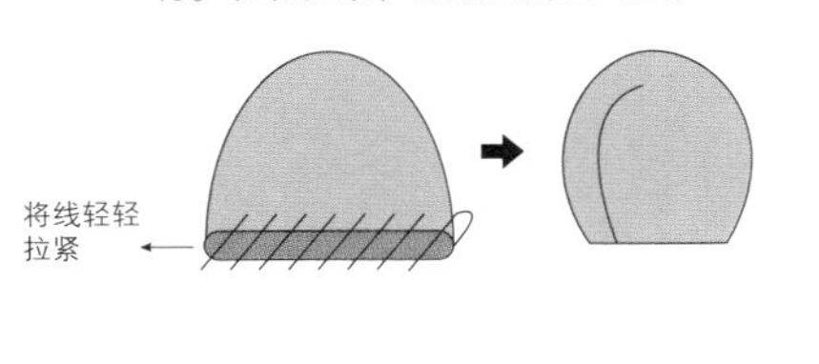

**〈组合方法〉**

在下图的指定位置，用手缝线（白色）缝上拉链，
用2根EXCEED WOOL L＜中粗＞（米色）线缝上提手。

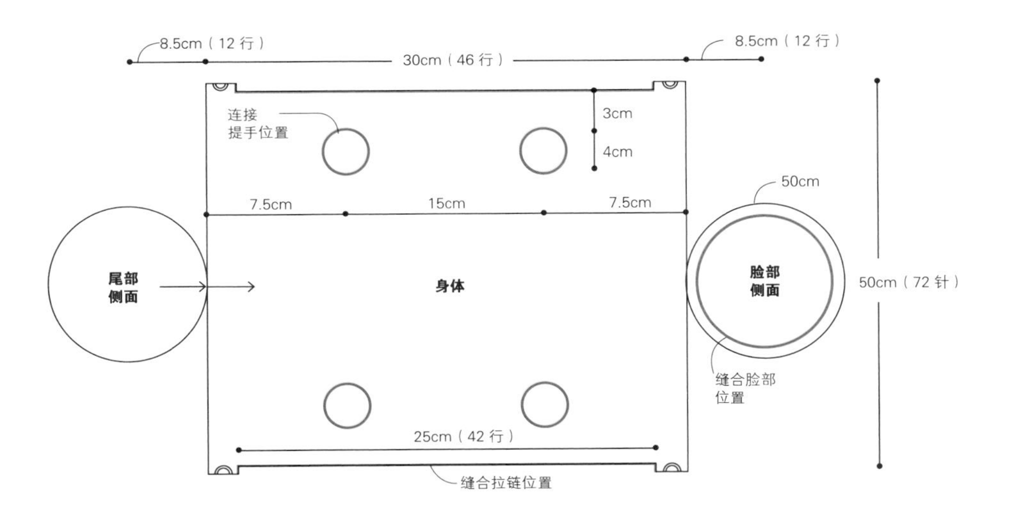


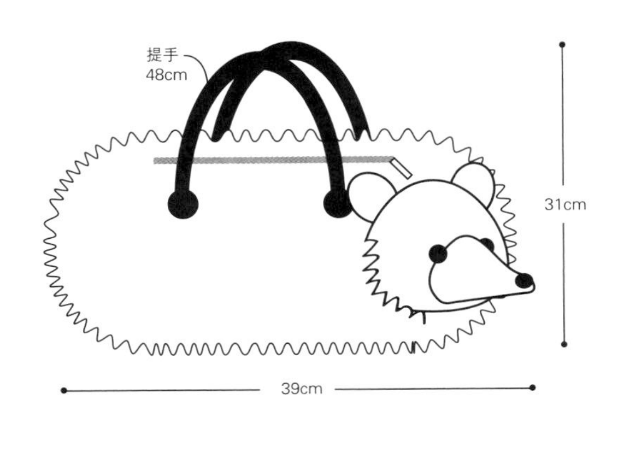

# 05 树懒包 / p.13

[ **线** ] 芭贝Primitivo 深褐色（103）175g，
SHETLAND 浅灰色（44）30g、浅褐色（34）5g、
深褐色（5）5g

[ **针** ] 钩针10/0号（Primitivo）、6/0号（SHETLAND），
毛线缝针，手缝针

[ **其他** ] 带垫圈的动物眼珠（黑色、褐色：15mm）2个、
带垫圈的动物鼻子（黑色：25mm）1个、拉链
（米色：12cm）1条、手缝线（米色）、胶水、
钳子

[ **编织密度** ] 长针10cm×10cm面积内：10针、6行

[ **完成尺寸** ] 参考图片

[ **制作方法** ]

①编织主体。在22针锁针的起针上，钩织26针长针。按照编织图，无加减针，往返编织至第33行。

②编织袋口。先将红色编织符号部分按照编织图编织至第6行。继续将绿色编织符号部分按照编织图编织至第13行。

③编织提手。将水蓝色编织符号部分按照编织图编织至第3行。

④制作脸部。将所需部件按照编织图编织，参考p.62**图A**进行组合。

⑤参考p.62**组合方法**，将爪子和脸部缝在主体上。

〈**脸部编织图**〉

*SHETLAND 线色：浅灰色
* 钩针6/0号
* 至第10行，编织2片
* 至第6行，编织1片

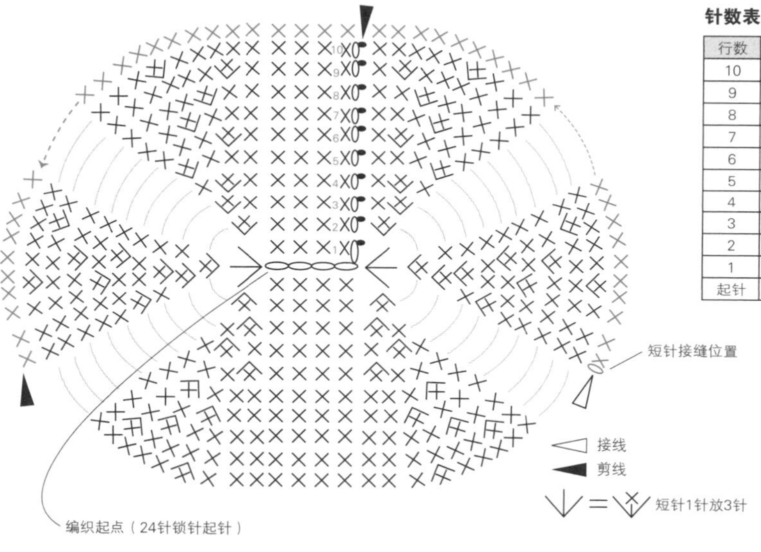


**针数表**

| 行数 | 针数 | 加减针 |
|---|---|---|
| 10 | 68针 | +6针 |
| 9 | 62针 | |
| 8 | 56针 | |
| 7 | 50针 | |
| 6 | 44针 | |
| 5 | 38针 | |
| 4 | 32针 | |
| 3 | 26针 | |
| 2 | 20针 | |
| 1 | 14针 | |
| 起针 | 4针锁针 | |

〈**嘴部编织图**〉

*SHETLAND 线色：浅褐色
* 钩针6/0号

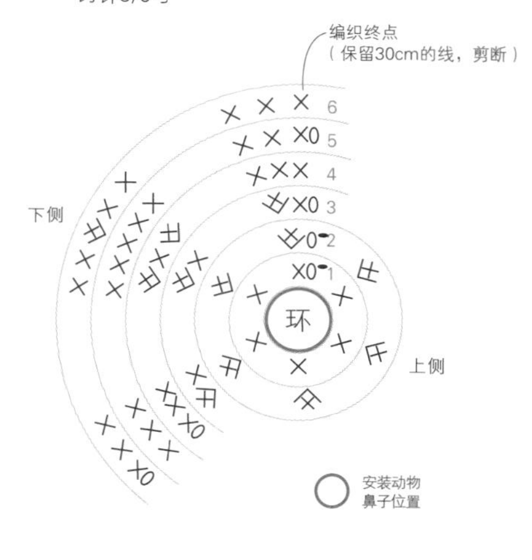


〈**眼周编织图**〉

*SHETLAND 线色：深褐色
* 编织2片
* 钩针6/0号

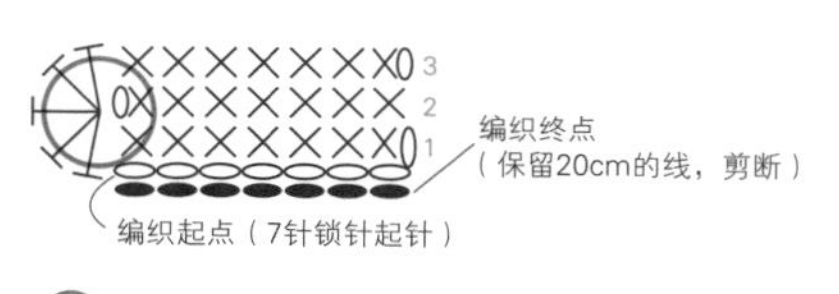


安装动物眼睛位置

〈**爪子编织图**〉

*SHETLAND 线色：浅灰色
* 编织2片
* 钩针6/0号

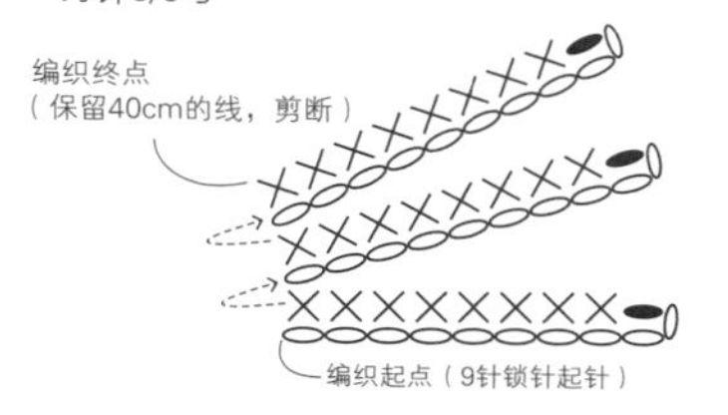

〈主体编织图〉

*Primitivo 线色:深褐色

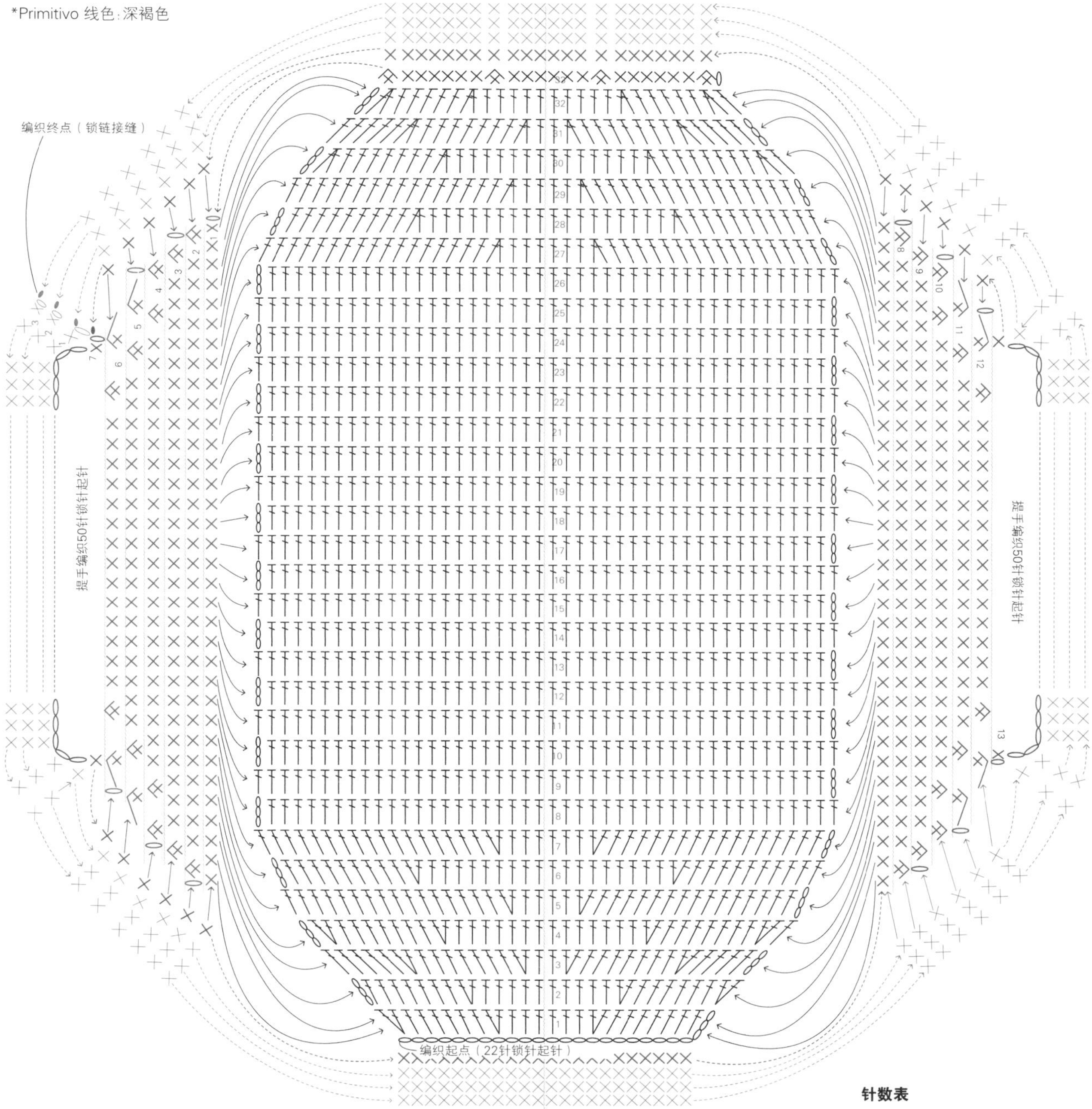

编织终点(锁链接缝)

提手编织50针锁针起针

提手编织50针锁针起针

编织起点(22针锁针起针)

→ 按照箭头方向入针编织

--→ 按照箭头方向继续编织

**针数表**

| 行数 | 针数 | 加减针 | 颜色 |
|---|---|---|---|
| 33 | 22针 | | 包袋部分 |
| 32 | 26针 | -4针 | |
| 31 | 30针 | | |
| 30 | 34针 | | |
| 29 | 38针 | -2针 | |
| 28 | 40针 | | |
| 27 | 42针 | | |
| 8～26 | 44针 | 无加减针 | |
| 7 | 44针 | +2针 | |
| 6 | 42针 | | |
| 5 | 40针 | | |
| 4 | 38针 | +4针 | |
| 3 | 34针 | | |
| 2 | 30针 | | |
| 1 | 26针 | | |
| 起针 | 22针锁针 | | |

〈**图 A**〉

①在脸部织片（至第10行）的正面，缝上眼周和嘴部的织片。在指定位置，将动物眼珠和鼻子插入脸部织片的背面，用垫圈固定。用指定的线刺绣眼睑和嘴。涂抹胶水固定眼睑。

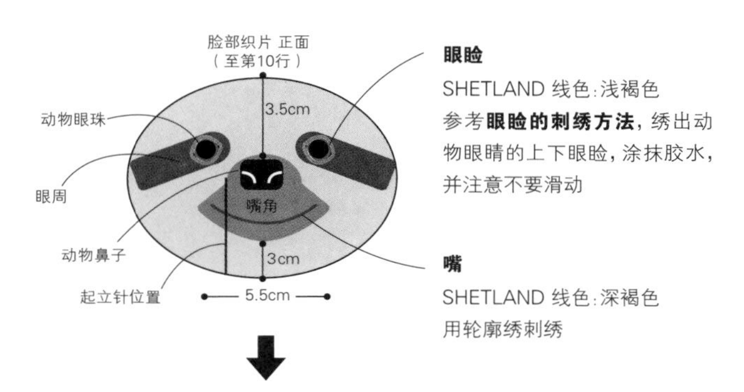


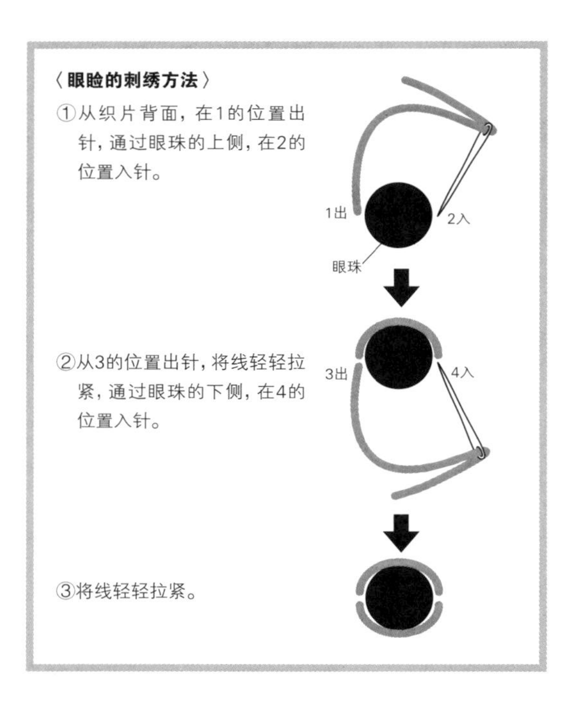


②将脸部织片翻至背面，将动物眼珠、鼻子部件的插头用钳子剪至适当长度。将脸部织片和大织片（至第6行）反面相对，缝在一起，并注意不要在大织片的正面露出痕迹。

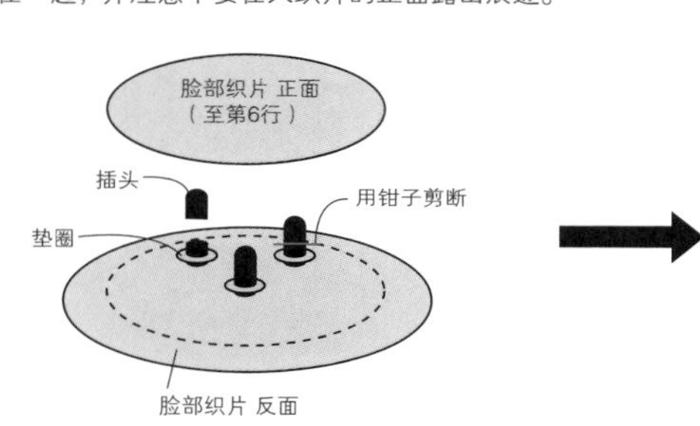


③将2片脸部织片（至第10行）如下图所示重合，参考脸部织片的短针接缝位置缝合。在头顶一侧缝上拉链。

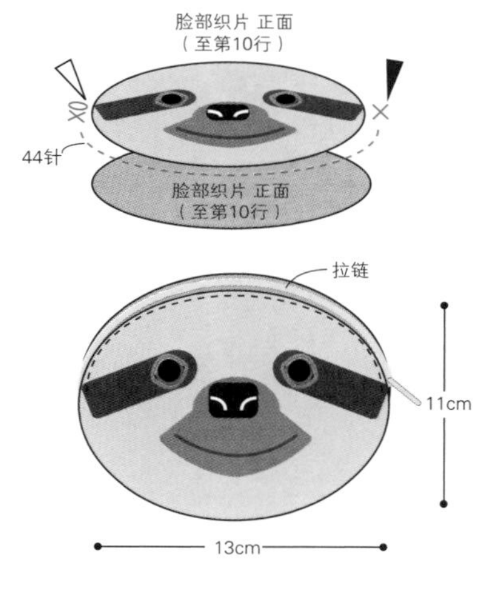


〈**组合方法**〉

在提手的顶点，以不同的方向缝上爪子。将制作好的脸部的背面缝在主体上。

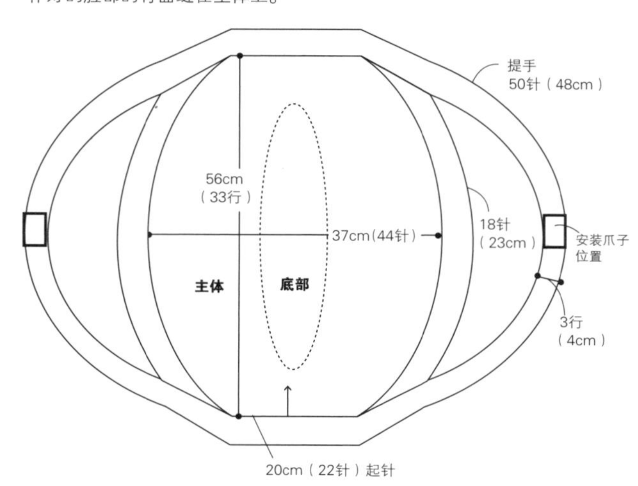


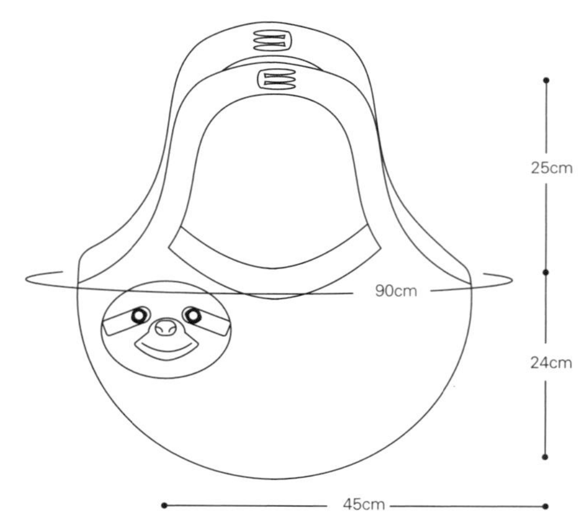

# 06~08 动物图案束口包 / p.17

06

07

08

[ **线** ] **06**：和麻纳卡 Amerry 黑色（52）30g、米色（40）40g，Mohair 褐色（105）30g

**07**：和麻纳卡 Amerry 黑色（52）30g、芥末黄色（41）80g，Mohair 黑色（25）25g

**08**：和麻纳卡 Amerry 黑色（52）30g、灰色（10）70g，Mohair 黑色（25）25g

[ **针** ] 钩针6/0号、毛线缝针

[ **其他** ] 双面气眼扣（黑镍色：内径10mm）各12组、皮绳（黑色）8mm×145cm、皮革包底（深褐色、和麻纳卡 H204-616、直径20cm、60孔）各1片、气眼扣卷边冲、锤子

[ **编织密度** ] 变化的条纹针10cm×10cm 面积内：19针、21行

[ **完成尺寸** ] 参考图片

[ **制作方法** ]

①编织主体。在底板上编织120针短针。按照编织图，用变化的条纹针（挑起前一行针目的内侧半针）编织至第51行，从第52行开始只用Amerry线编织短针至第60行。

②在编织图中安装气眼扣的位置安装气眼扣（参考下方**气眼扣的安装方法**）。

③将皮绳穿过气眼扣，顶端对齐后打结。

**〈气眼扣的安装方法〉**

①将气眼扣从安装位置的织片正面插入。

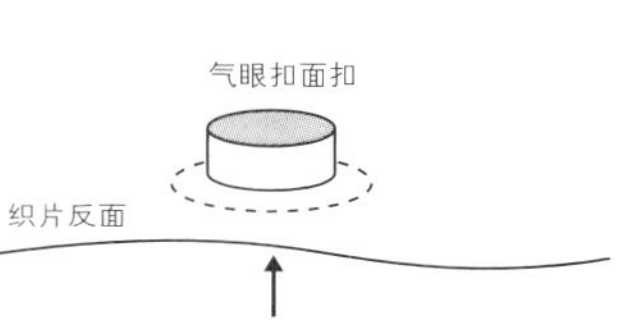


②安装上气眼扣卷边冲。

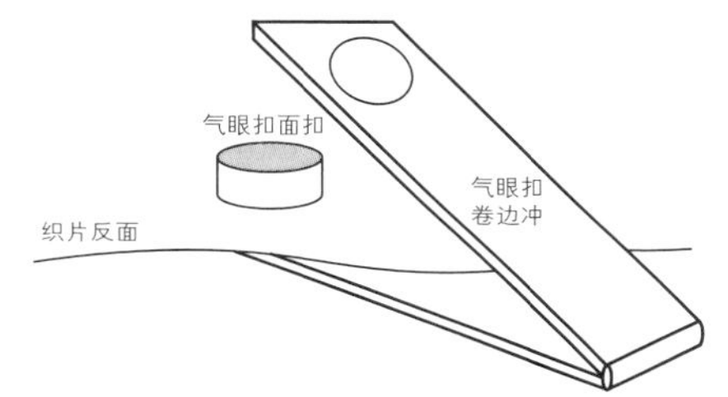


③盖上气眼扣垫片。

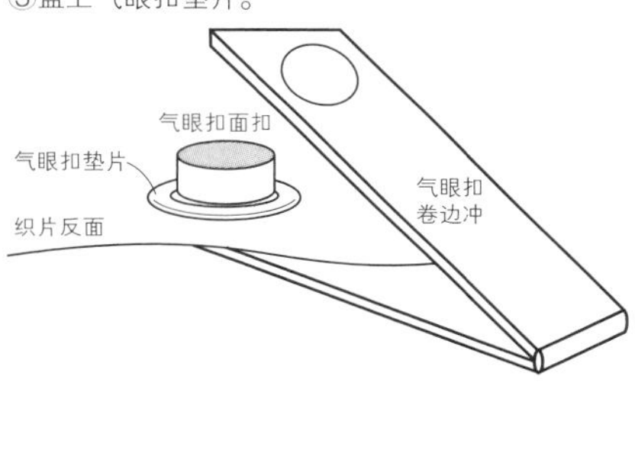


④闭合气眼扣卷边冲，用锤子从正上方敲击。

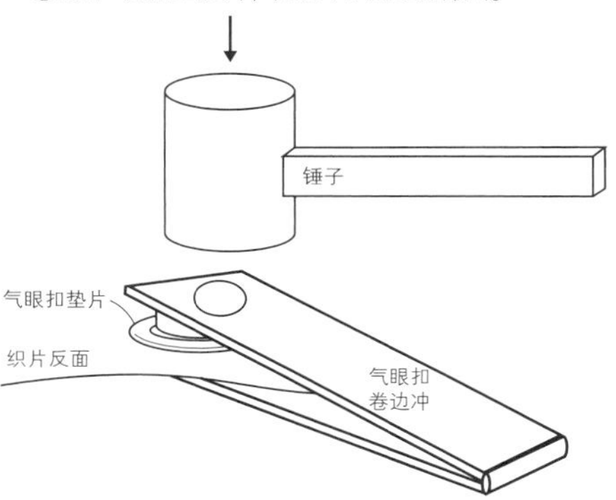


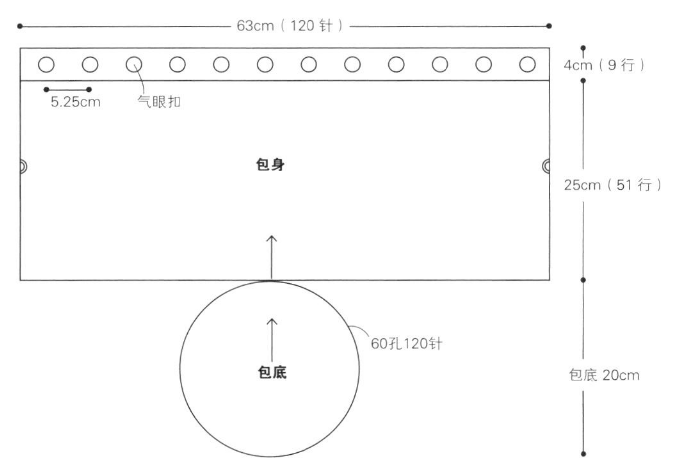


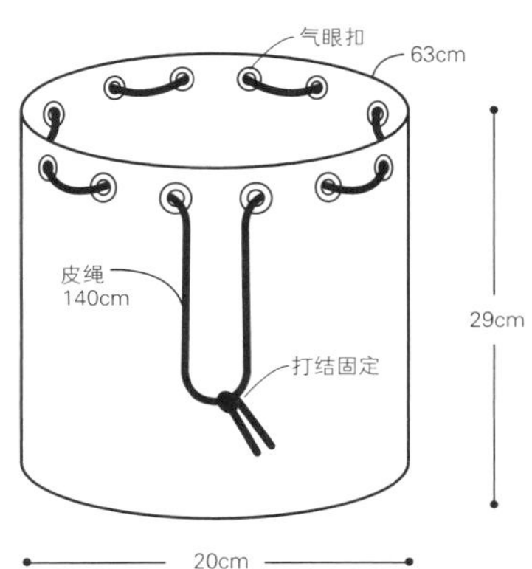

〈**06：主体编织图**〉

*第2～51行变化的条纹针（挑起前一行针目的内侧半针）

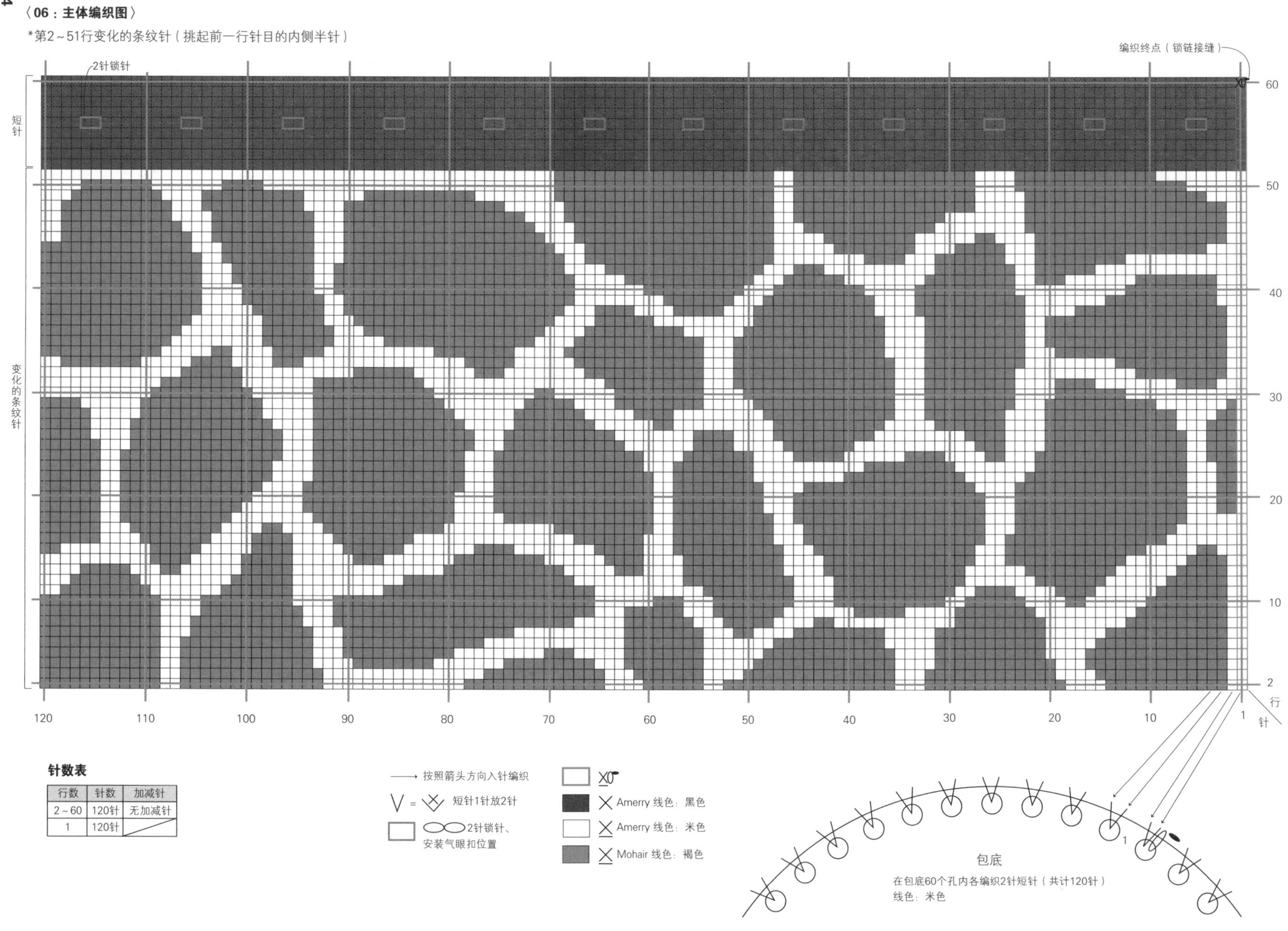


**针数表**

| 行数 | 针数 | 加减针 |
|---|---|---|
| 2～60 | 120针 | 无加减针 |
| 1 | 120针 | |

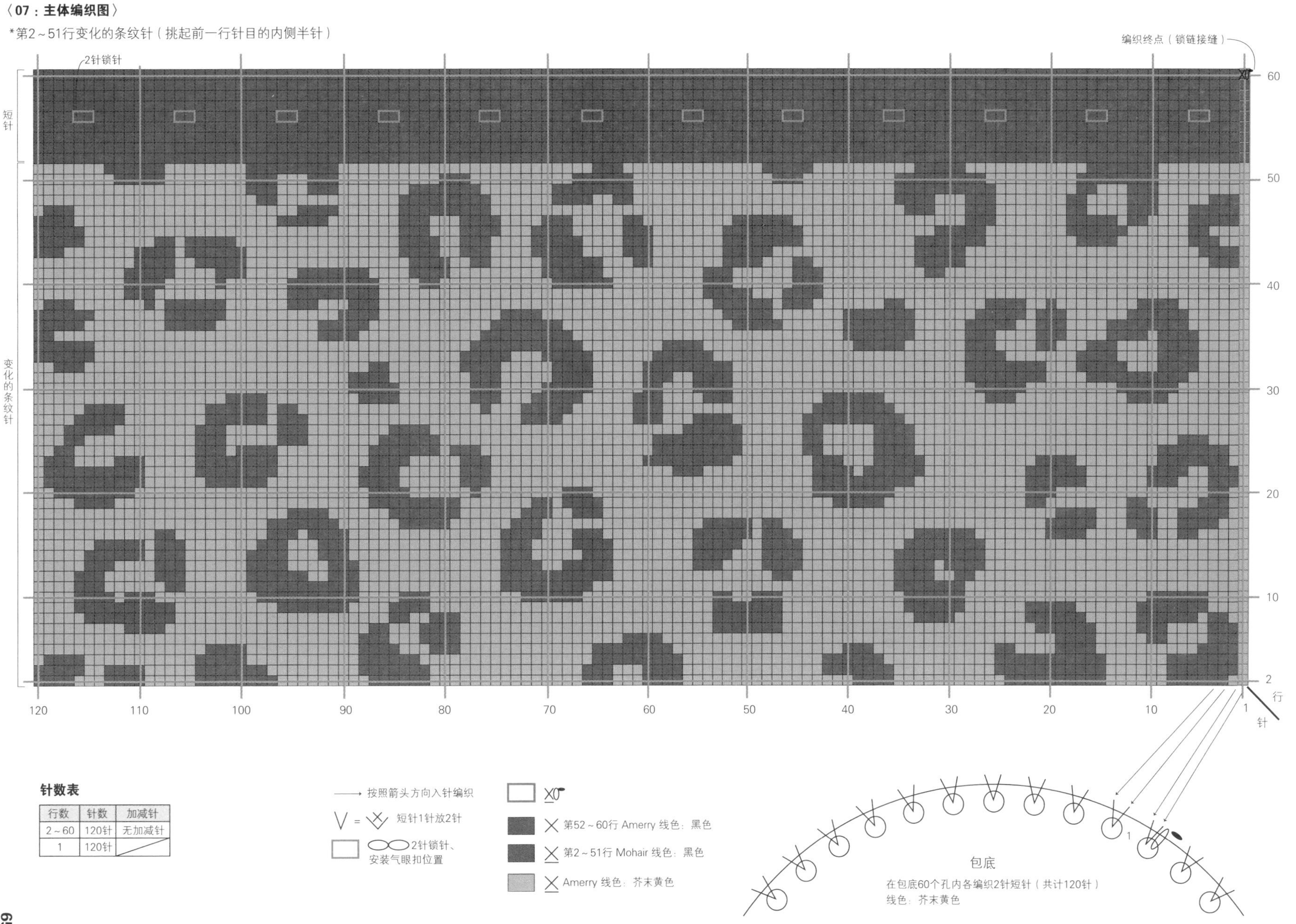
〈07：主体编织图〉
*第2～51行变化的条纹针（挑起前一行针目的内侧半针）
2针锁针
编织终点（锁链接缝）
短针
变化的条纹针
行
针
针数表
行数 针数 加减针
2～60 120针 无加减针
1 120针
按照箭头方向入针编织
短针1针放2针
2针锁针、安装气眼扣位置
第52～60行 Amerry 线色：黑色
第2～51行 Mohair 线色：黑色
Amerry 线色：芥末黄色
包底
在包底60个孔内各编织2针短针（共计120针）
线色：芥末黄色

## 〈08：主体编织图〉

*第2～51行变化的条纹针（挑起前一行针目的内侧半针）

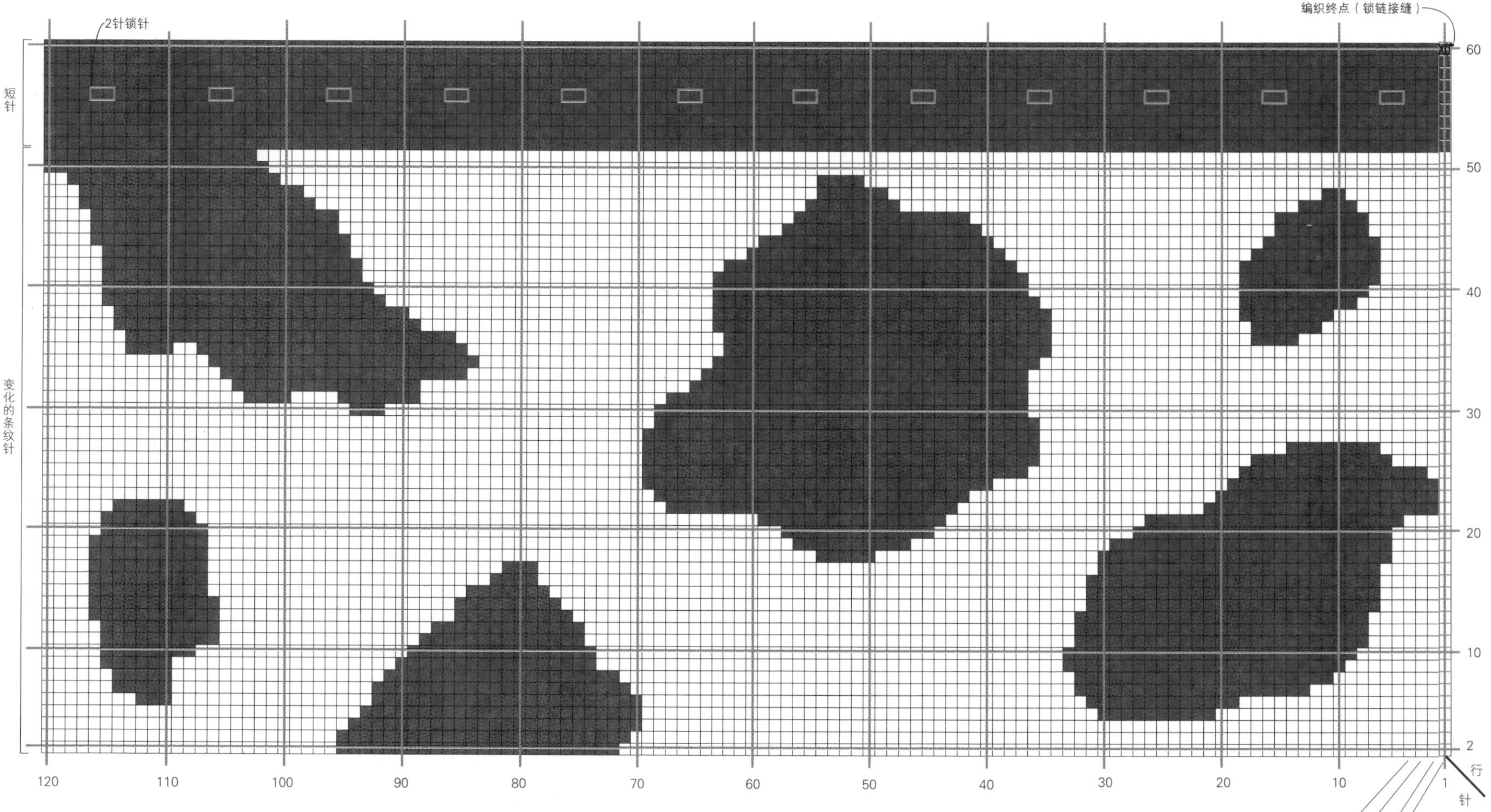

**针数表**

| 行数 | 针数 | 加减针 |
|---|---|---|
| 2～60 | 120针 | 无加减针 |
| 1 | 120针 | |

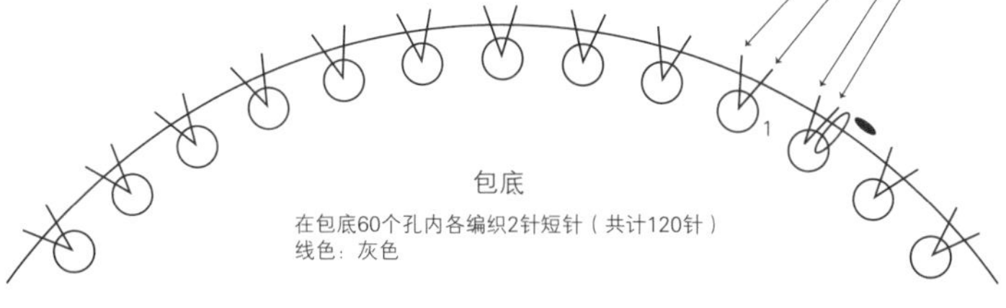

# 09~11 半立体图案托特包 / p.20

09

10

11

[ 线 ] **09**：和麻纳卡 Comacoma 黑色（12）360g，Piccolo 米色（38）25g、褐色（21）10g、深褐色（17）5g、白色（1）5g、粉色（5）5g、浅粉色（44）5g

**10**：和麻纳卡 Comacoma 芥末黄色（3）360g，Piccolo 奶油色（16）25g、粉色（5）5g、黑色（20）10g、褐色（21）10g

**11**：和麻纳卡 Comacoma 藏青色（11）360g，Piccolo 灰色（50）25g、红色（26）5g、黑色（20）5g、白色（1）5g、褐色（21）5g、黄色（25）10g、水蓝色（23）10g

[ 针 ] 钩针8/0号（Comacoma）、4/0号（Piccolo）、5/0号（Piccolo），毛线缝针

[ 其他 ] 和麻纳卡 帆布网（白色：H202-226-1）1片，带垫圈的动物眼珠（**09**/黑色：18mm，**10**/黑色、黄色：18mm，**11**/黑色、红色：18mm）各1组，渔线（9号）少量，蓬松棉少量，胶水

[ 编织密度 ] 短针10cm×10cm面积内：13针、15行

[ 完成尺寸 ] 参考图片

[ 制作方法 ]

①编织主体。在20针锁针起针上，钩织42针短针。按照编织图，编织至第40行。

②参考**提手编织图**，编织2根提手。参考**组合方法**，在连接提手位置用卷针缝连接提手。

③制作脸部。按照各个编织图编织脸部部件，参考**脸部的制作方法**完成组装。参考**组合方法**，将其缝在主体上。

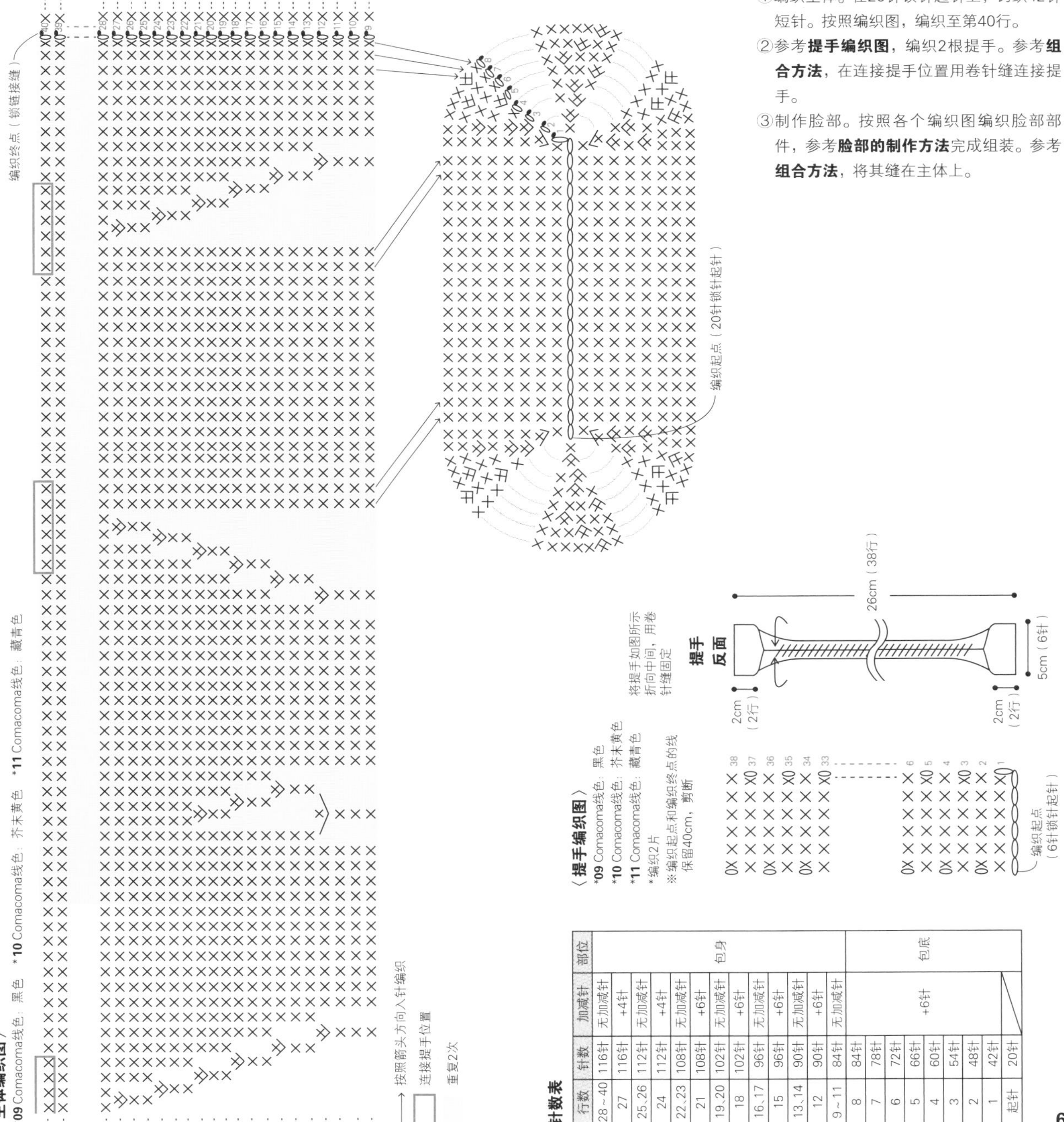


针数表

| 行数 | 针数 | 加减针 | 部位 |
|---|---|---|---|
| 28~40 | 116针 | 无加减针 | 包身 |
| 27 | 116针 | +4针 | |
| 25、26 | 112针 | 无加减针 | |
| 24 | 112针 | +4针 | |
| 22、23 | 108针 | 无加减针 | |
| 21 | 108针 | +6针 | |
| 19、20 | 102针 | 无加减针 | |
| 18 | 102针 | +6针 | |
| 16、17 | 96针 | 无加减针 | |
| 15 | 96针 | +6针 | |
| 13、14 | 90针 | 无加减针 | |
| 12 | 90针 | +6针 | |
| 9~11 | 84针 | 无加减针 | |
| 8 | 84针 | +6针 | 包底 |
| 7 | 78针 | | |
| 6 | 72针 | | |
| 5 | 66针 | | |
| 4 | 60针 | | |
| 3 | 54针 | | |
| 2 | 48针 | | |
| 1 | 42针 | | |
| 起针 | 20针 | | |

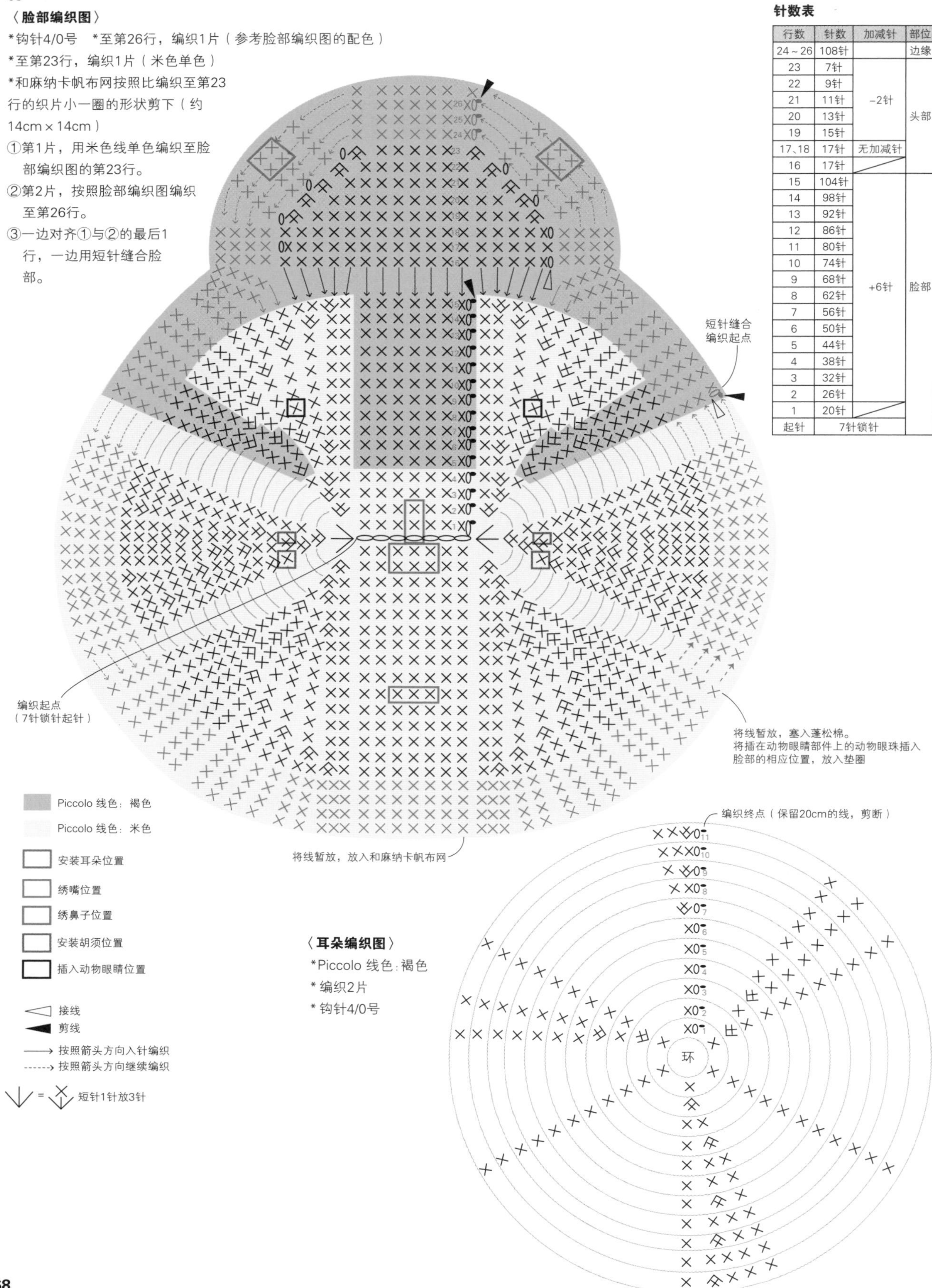


针数表

| 行数 | 针数 | 加减针 | 部位 |
|---|---|---|---|
| 24～26 | 108针 | | 边缘 |
| 23 | 7针 | | |
| 22 | 9针 | | |
| 21 | 11针 | -2针 | |
| 20 | 13针 | | 头部 |
| 19 | 15针 | | |
| 17、18 | 17针 | 无加减针 | |
| 16 | 17针 | | |
| 15 | 104针 | | |
| 14 | 98针 | | |
| 13 | 92针 | | |
| 12 | 86针 | | |
| 11 | 80针 | | |
| 10 | 74针 | | |
| 9 | 68针 | +6针 | 脸部 |
| 8 | 62针 | | |
| 7 | 56针 | | |
| 6 | 50针 | | |
| 5 | 44针 | | |
| 4 | 38针 | | |
| 3 | 32针 | | |
| 2 | 26针 | | |
| 1 | 20针 | | |
| 起针 | 7针锁针 | | |

〈**眼周编织图**〉

*Piccolo 线色：白色

*编织2片

*钩针4/0号

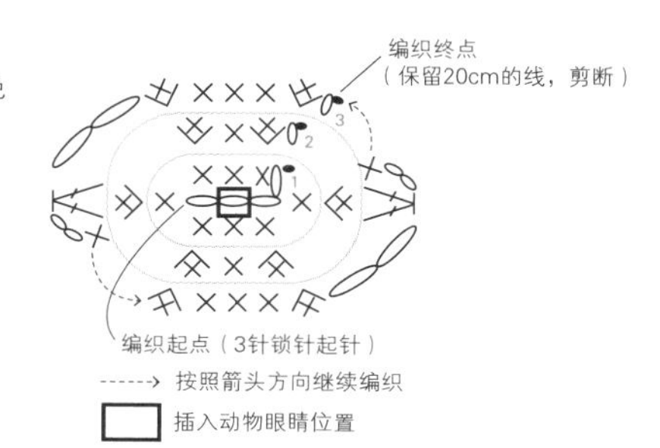


〈**耳朵内侧编织图**〉

*Piccolo 线色：浅粉色

*编织2片

*钩针4/0号

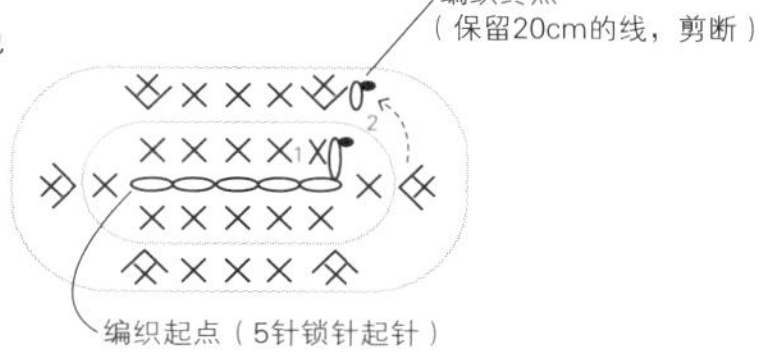


〈**蝴蝶结编织图**〉

*Piccolo 线色：粉色　*钩针4/0号

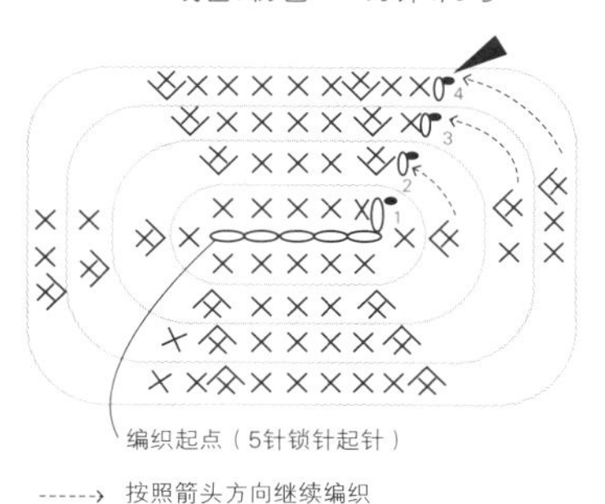


〈**蝴蝶结的制作方法**〉

①捏住蝴蝶结织片的中间，如图所示用另一根线打一次结固定。

②将线团的线在蝴蝶结织片中间绕圈缠线，与①的线头一起打结固定。

③如图所示处理线头，调整蝴蝶结的形状。

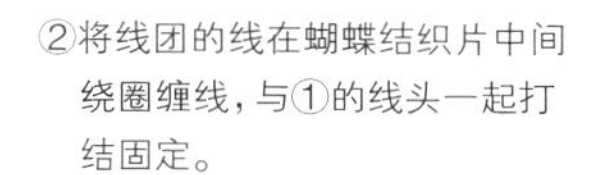

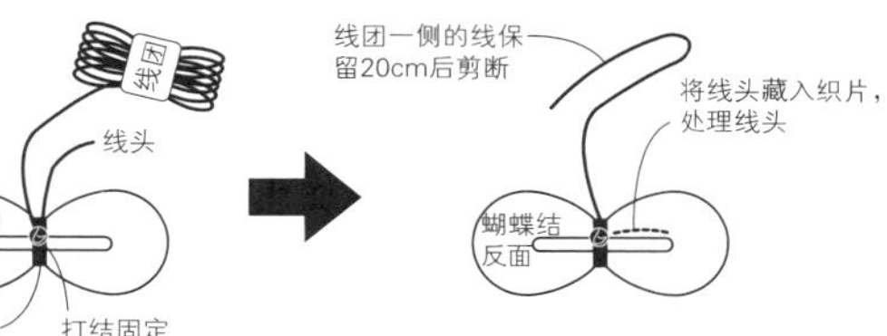


〈**脸部的制作方法**〉 参考半立体图案的组合方法（p.48）

①制作脸部的基础，用眼周部件剩余的线将眼周缝在脸上。

②用拇指按照箭头的方向压住编织图的嘴部刺绣位置，用浅粉色线在背面缝合固定，制作出内凹的效果。继续在指定位置的正面刺绣鼻子。

③用深褐色线（使用2根线）如图所示刺绣眼周，继续刺绣鼻子上的花样。最后用胶水固定眼周的刺绣线。

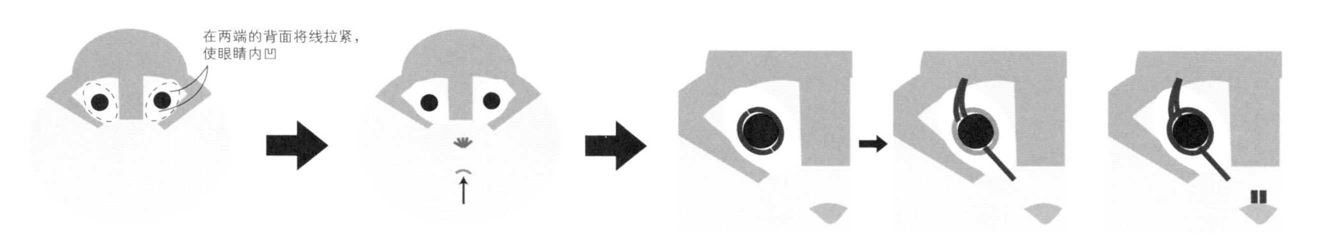


④从起立针处对折耳朵，缝上耳朵内侧的部件，然后如图所示捏住耳朵的两端，在中间缝合。

⑤将耳朵缝在需要安装的位置上。

⑥将蝴蝶结缝在图中的位置上，然后参考p.73**流苏的挂法**，将胡须挂在图中指定的4个位置上。

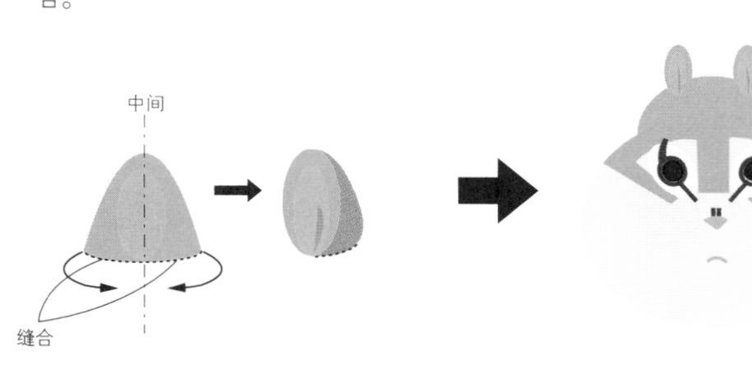


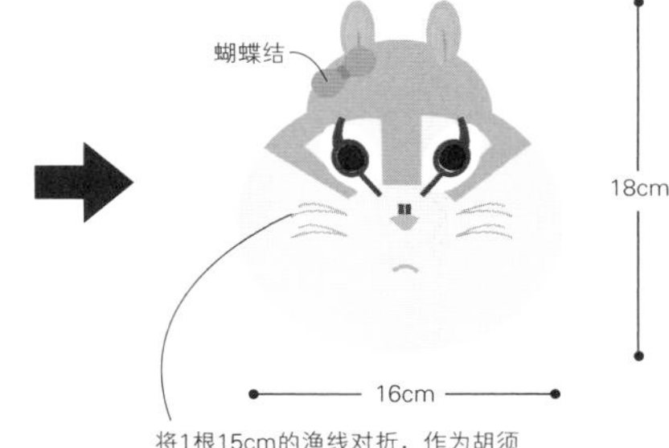

10

**〈脸部编织图〉**

* 至第18行，编织1片（参考编织图的配色，钩针4/0号）
* 至第15行，编织1片（奶油色单色，钩针5/0号）
* 和麻纳卡帆布网按照比编织至第15行的织片小一圈的形状剪下（约16cm×16cm）

①第1片，用奶油色单色编织至脸部编织图的第15行。
②第2片，按照脸部编织图编织至第18行。
③一边对齐①与②的最后1行，一边用短针接缝组合脸部。

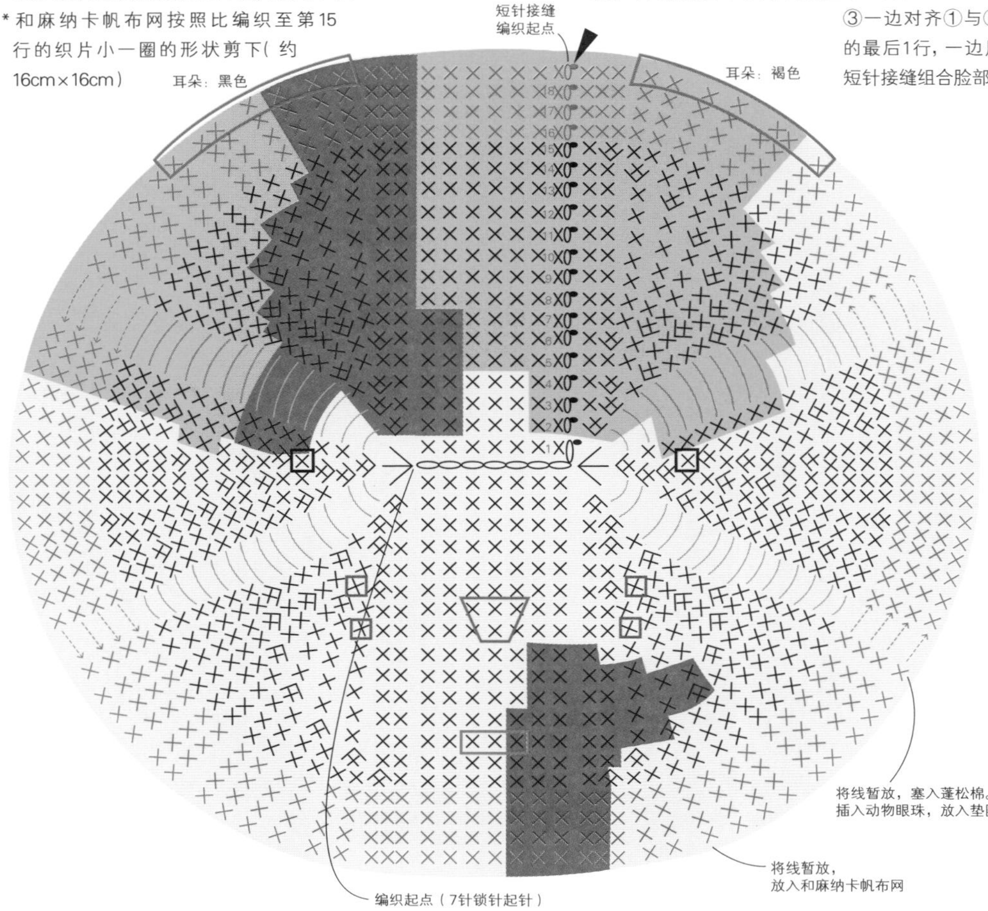

短针接缝编织起点

耳朵：黑色

耳朵：褐色

将线暂放，塞入蓬松棉。插入动物眼珠，放入垫圈

将线暂放，放入和麻纳卡帆布网

编织起点（7针锁针起针）

**针数表**

| 行数 | 针数 | 加减针 | 部位 |
|---|---|---|---|
| 16～18 | 104针 | 无加减针 | 边缘 |
| 15 | 104针 | +6针 | 脸部 |
| 14 | 98针 | | |
| 13 | 92针 | | |
| 12 | 86针 | | |
| 11 | 80针 | | |
| 10 | 74针 | | |
| 9 | 68针 | | |
| 8 | 62针 | | |
| 7 | 56针 | | |
| 6 | 50针 | | |
| 5 | 44针 | | |
| 4 | 38针 | | |
| 3 | 32针 | | |
| 2 | 26针 | | |
| 1 | 20针 | | |
| 起针 | 7针锁针 | | |

Piccolo 线色：黑色

Piccolo 线色：褐色

Piccolo 线色：奶油色

安装耳朵位置

嘴部刺绣位置

鼻子刺绣位置

安装胡须位置

插入动物眼睛位置

→ 按照箭头方向入针钩织

--→ 按照箭头方向继续编织

◀ 剪线

= 短针1针放3针

**〈耳朵内侧编织图〉**

*Piccolo 线色：粉色
* 编织2片
* 钩针4/0号

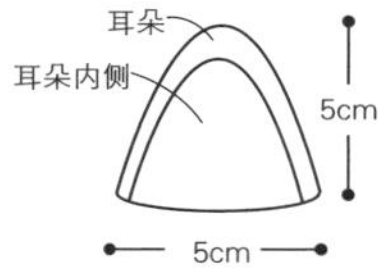

编织终点（保留20cm的线，剪断）

编织起点（7针锁针起针）

= 短针3针并1针

耳朵

耳朵内侧

5cm

5cm

**〈耳朵编织图〉**

*Piccolo 线色：褐色、黑色
* 各编织1片
* 钩针4/0号

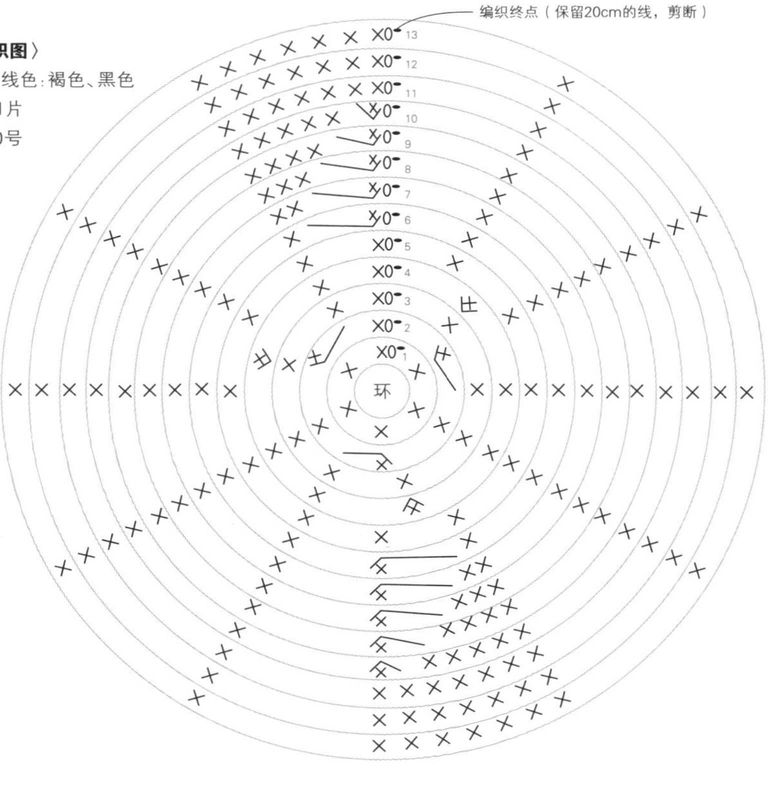

编织终点（保留20cm的线，剪断）

环

〈**脸部的制作方法**〉 参考半立体图案的组合方法（p.48）

①制作脸部的基础。

②用拇指按照箭头的方向压住编织图的嘴巴刺绣位置，用粉色线在背面缝合固定，制作出内凹效果。继续在指定位置的正面刺绣鼻子。

③用黑色线（使用2根线），如图所示刺绣眼周，用胶水固定眼周的刺绣线。

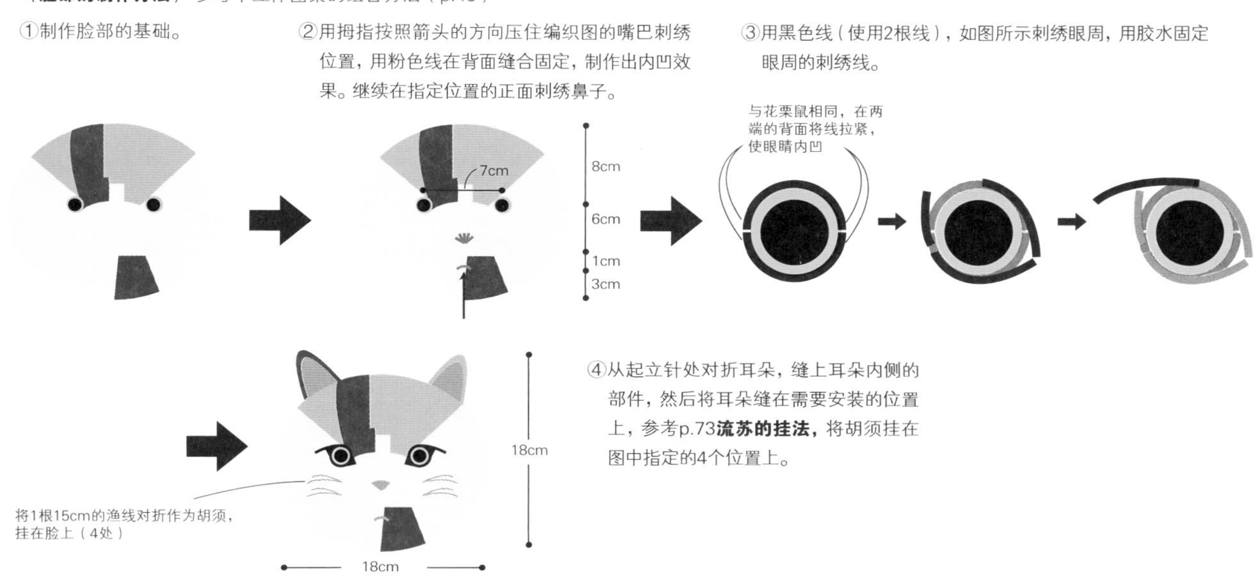


④从起立针处对折耳朵，缝上耳朵内侧的部件，然后将耳朵缝在需要安装的位置上，参考p.73**流苏的挂法**，将胡须挂在图中指定的4个位置上。

**11**

〈**脸部编织图**〉

*钩针4/0号

*至第18行，编织1片（参考编织图的配色）

*至第15行，编织1片（灰色线单色）

*和麻纳卡帆布网按照比编织至第15行的织片小一圈的形状剪下（约16cm×21cm）

①第1片，用灰色线单色编织至脸部编织图的第15行。

②第2片，按照脸部编织图编织至第18行。

③一边对齐①与②的最后1行，一边用短针接缝组合脸部。

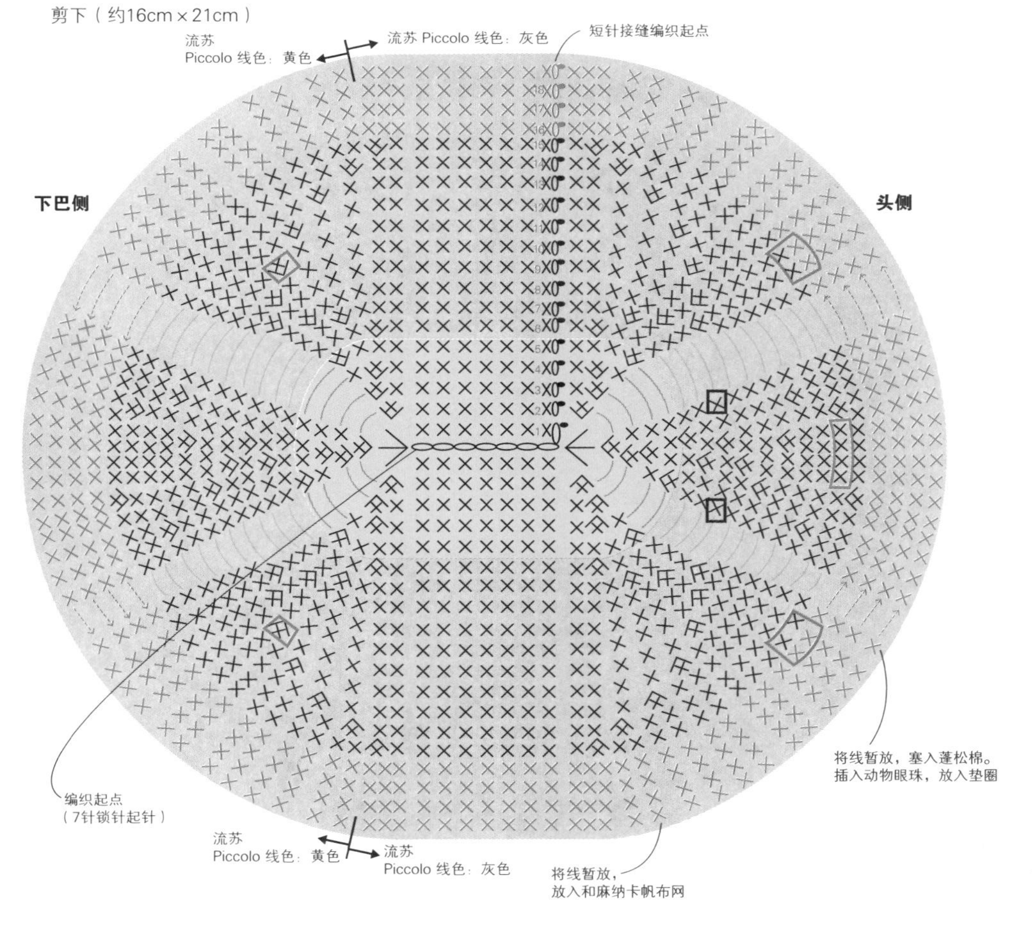


**针数表**

| 行数 | 针数 | 加减针 | 部位 |
|---|---|---|---|
| 16～18 | 104针 | 无加减针 | 边缘 |
| 15 | 104针 | +6针 | 脸部 |
| 14 | 98针 | | |
| 13 | 92针 | | |
| 12 | 86针 | | |
| 11 | 80针 | | |
| 10 | 74针 | | |
| 9 | 68针 | | |
| 8 | 62针 | | |
| 7 | 56针 | | |
| 6 | 50针 | | |
| 5 | 44针 | | |
| 4 | 38针 | | |
| 3 | 32针 | | |
| 2 | 26针 | | |
| 1 | 20针 | | |
| 起针 | 7针锁针 | | |

Piccolo 线色：灰色

Piccolo 线色：水蓝色

安装耳朵位置

制作眉间位置

插入动物眼睛位置

制作脸颊位置

------> 按照箭头方向继续编织

= 短针1针放3针

◀接上页11

**〈鼻子编织图〉**

*Piccolo 线色：红色

* 钩针4/0号

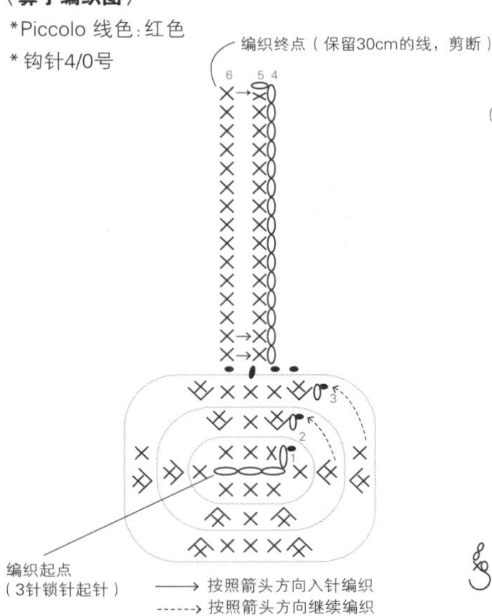


**〈嘴部和下巴胡须编织图〉**

* 第1～3行 Piccolo 线色：白色
* 第4～10行 Piccolo 线色：黄色
* 钩针4/0号

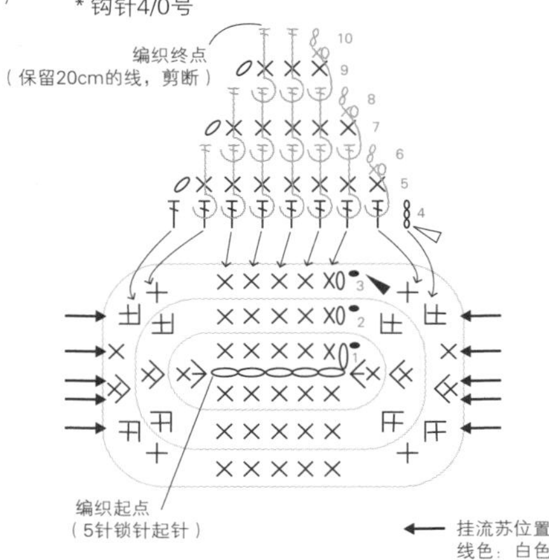


**〈耳朵编织图〉**

*Piccolo 线色：褐色

* 编织2片
* 钩针4/0号

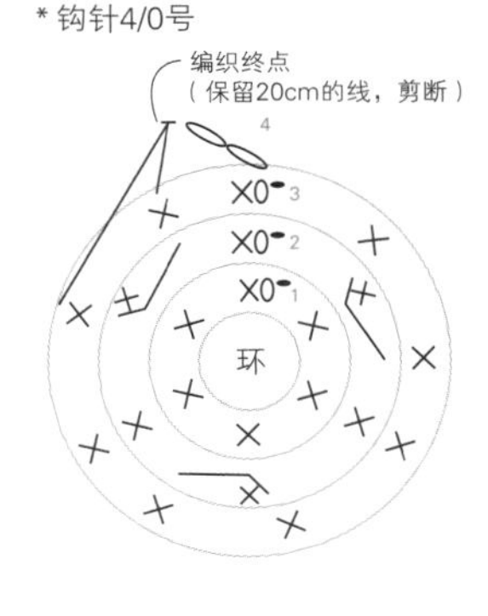


**〈头部的毛的编织图〉**

*Piccolo 线色：灰色

* 编织起点的线保留20cm
* 钩针4/0号

编织起点
（5针锁针起针）

剪线

**〈脸的制作方法〉** 参考半立体图案的组合方法（p.48）

①制作脸部的基础。在第5行的背面用灰色线紧紧缝一圈，做出沟痕。

②用拇指按照箭头的方向压住编织图上制作脸颊和眉间的位置，用灰色线固定，制作出内凹的效果。

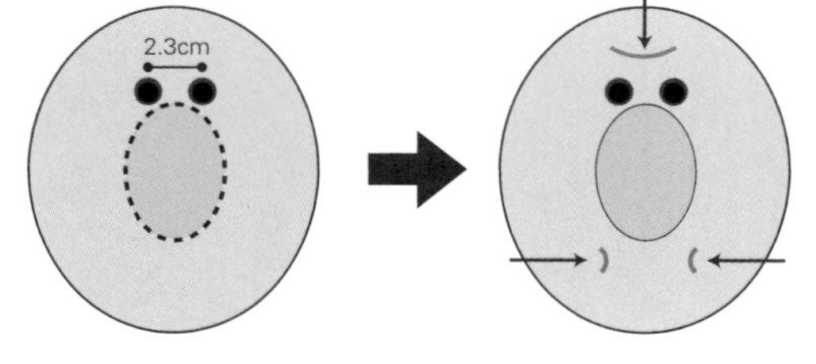


③如图所示配置各个部件，分别将线头穿入毛线缝针，将虚线的部分缝在正面。

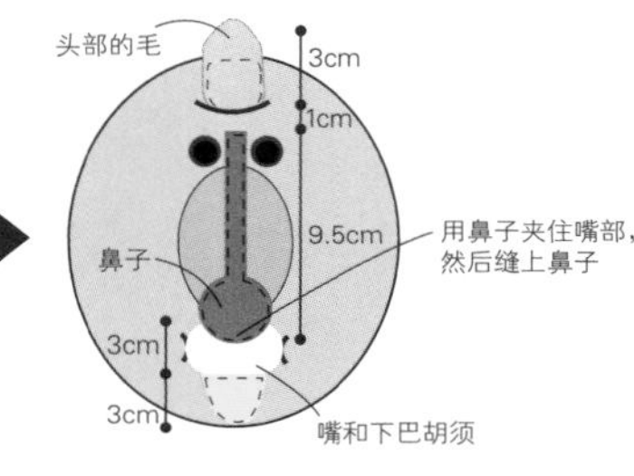


④缝上耳朵，刺绣鼻子、嘴、眼周。

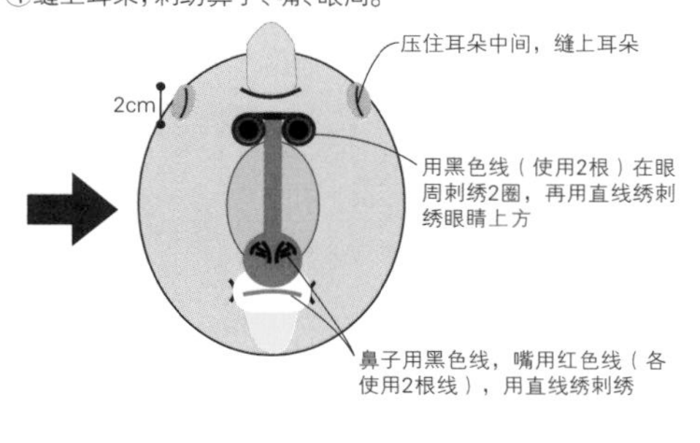


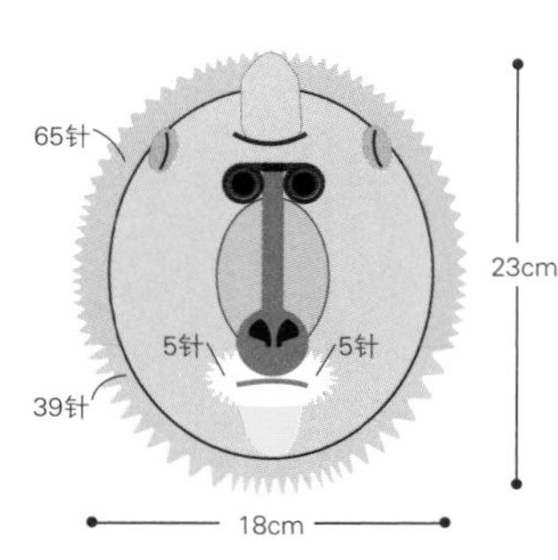


⑤在嘴和脸部四周挂上指定颜色的流苏。使用2条7cm的线对折做成流苏，参考p.73**流苏的挂法**，挂上流苏。

**〈组合方法〉09、10、11共用**

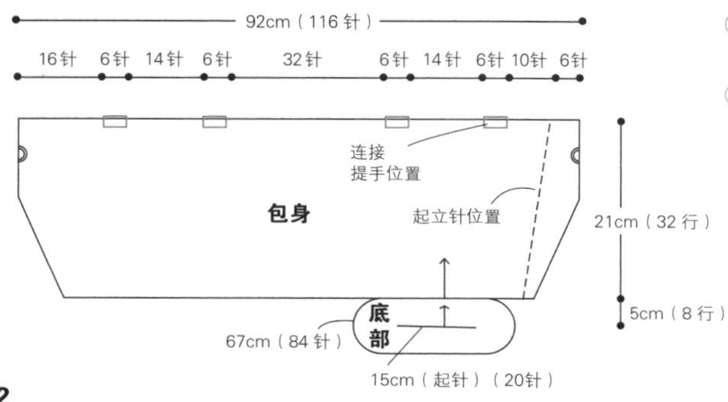


①在提手的一端穿入毛线缝针，参考主体编织图上连接提手的位置，用卷针缝连接提手。

②用平针缝分别将各个动物的脸缝在各个包包的包身正面中央。

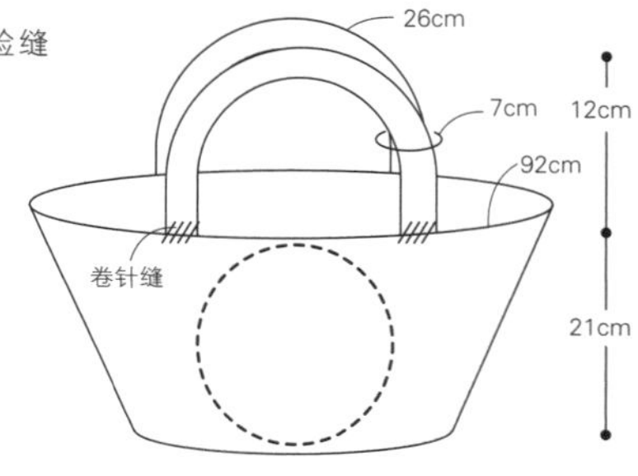

# 12~14 动物剪影托特包 / p.22

12

13

14

[ **线** ] **12**：Rich More spekutre modem 蓝绿色（14）140g、深灰色（56）100g
和麻纳卡 eco・ANDARIA 粉色（71）少量
**13**：Rich More spekutre modem 橙色（27）200g、黑色（46）60g
**14**：Rich More spekutre modem 灰色（50）180g、深灰色（56）40g
[ **针** ] 钩针8/0号、毛线缝针
[ **其他** ] 和麻纳卡 绒球器（5.5cm：H204–570）、蓬松棉少量
[ **编织密度** ] 平针短针10cm×10cm面积内：16针、22行
[ **完成尺寸** ] 参考图示

[ **制作方法** ]

①编织主体。在40针锁针起针上，编织80针短针。按照编织图，用平针短针（p.44）编织至第70行。

②编织2条提手。在6针锁针起针上，编织12针短针。按照编织图，用平针短针编织至第80行，放入蓬松棉，用短针缝合（参考**提手的制作方法**）。

③参考**组合方法**的①，在主体编织图上连接提手的位置缝上提手。

④参考**组合方法**的②，组合每款包包。

〈**提手的制作方法**〉

①编织起点的线头保留20cm，将提手按照编织图编织至第80行。

②塞入蓬松棉。

③将第80行每6针分别对齐，用短针缝合。线头保留20cm，剪断。

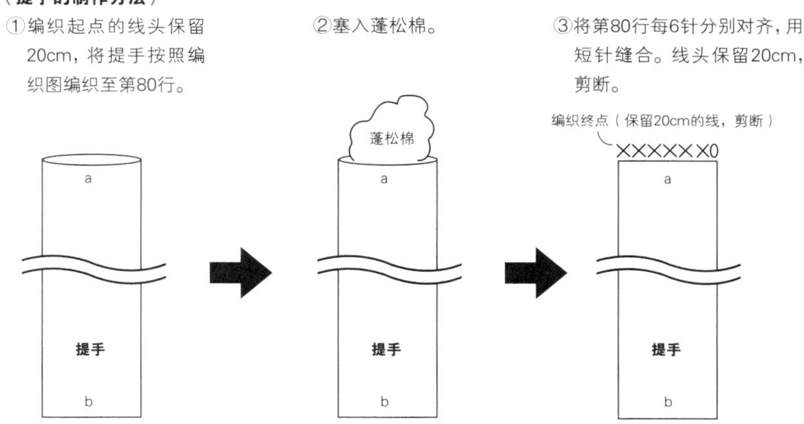


〈**流苏的挂法**〉

①将指定的线对折，如图所示穿过织片。

②将线头按照箭头方向拉出。

③继续将线向箭头方向拉，收紧线圈。

④剪断线头，调整长度。

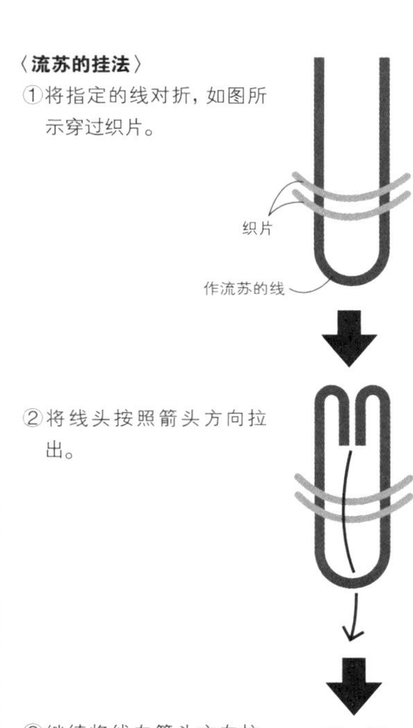


〈**组合方法**〉

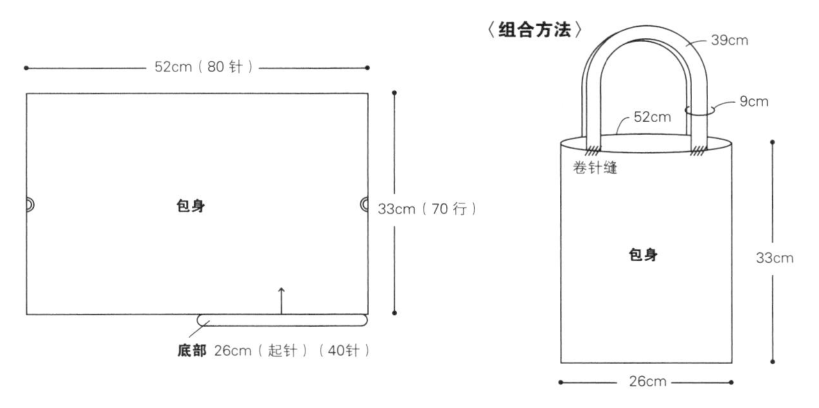


①**12、13、14共用**：将提手的线头穿入毛线缝针，参考编织图上连接提手的位置，用卷针缝固定。

②**12**：将1根20cm的eco・ANDARIA 粉色线对折，在安装舌头位置短针的根部挂上流苏。线头保留3cm左右剪断（参考**流苏的挂法**）。

**13**：用绒球器制作绒球，每侧各需绕线200次。将剩余的线制作挂绳，挂在猫咪身体一侧的提手上。

12

〈提手编织图〉

* 制作2根
* 第2行以后为平针短针（p.44）
* 编织起点的线保留20cm备用

〈主体编织图〉*第2行以后为平针短针（p.44）

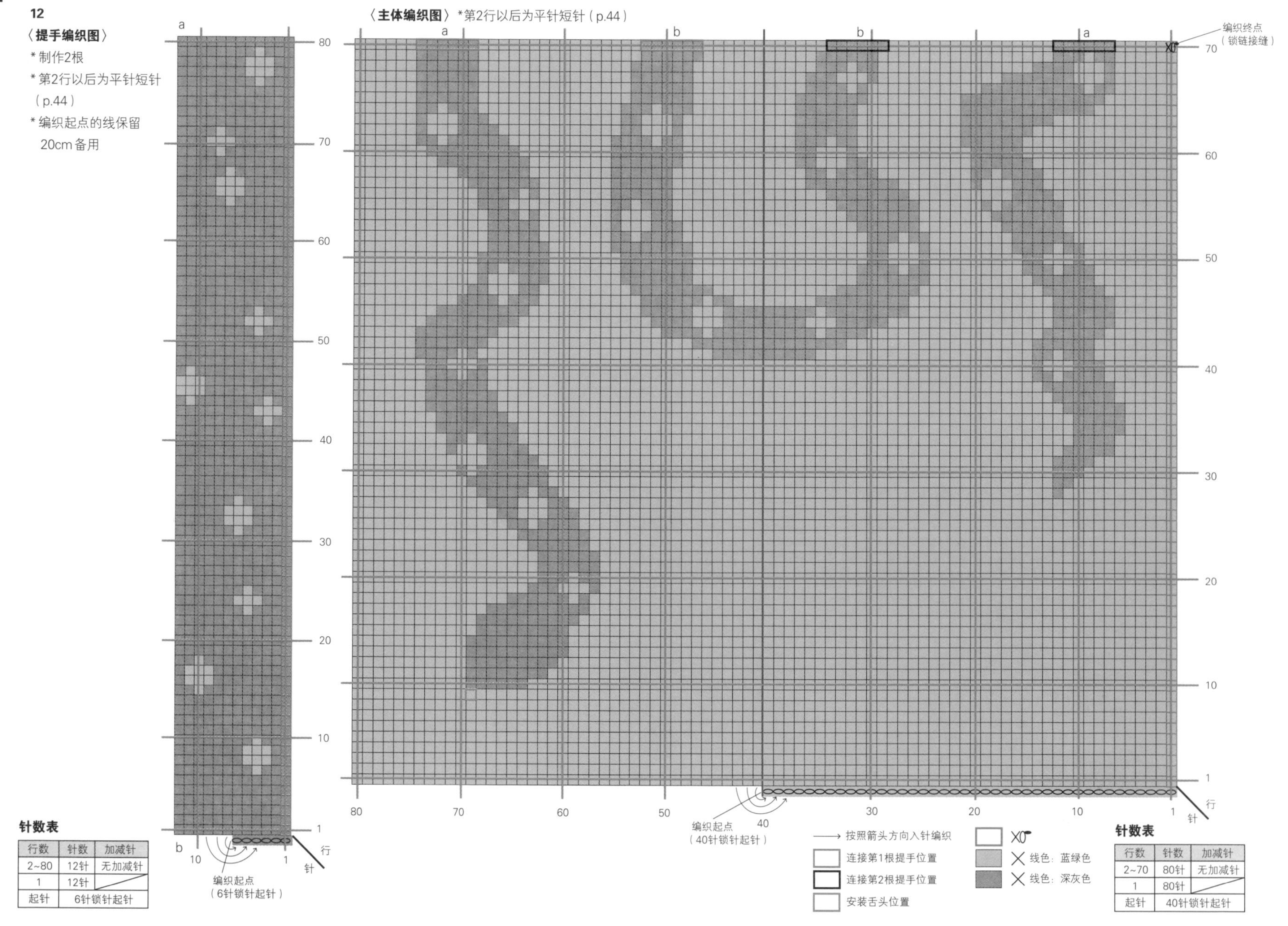


针数表

| 行数 | 针数 | 加减针 |
|---|---|---|
| 2~80 | 12针 | 无加减针 |
| 1 | 12针 | |
| 起针 | 6针锁针起针 | |

针数表

| 行数 | 针数 | 加减针 |
|---|---|---|
| 2~70 | 80针 | 无加减针 |
| 1 | 80针 | |
| 起针 | 40针锁针起针 | |

**13**

〈**提手编织图**〉

*第2行以后为平针短针（p.44）

*制作2根

*编织起点的线保留20cm备用

**针数表**

| 行数 | 针数 | 加减针 |
|---|---|---|
| 2~80 | 12针 | 无加减针 |
| 1 | 12针 | |
| 起针 | 6针锁针起针 | |

〈**主体编织图**〉 *第2行以后为平针短针（p.44）

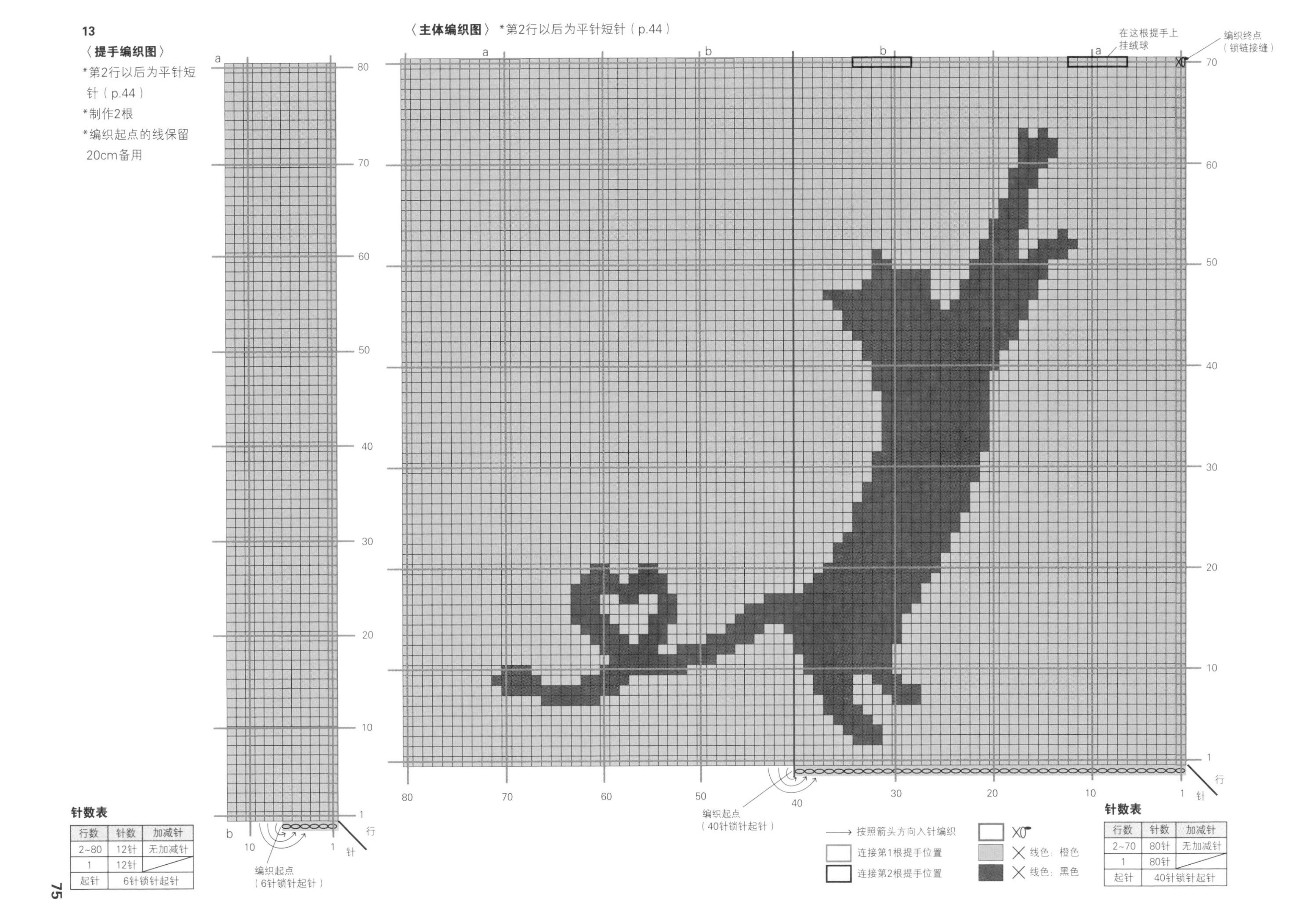


**针数表**

| 行数 | 针数 | 加减针 |
|---|---|---|
| 2~70 | 80针 | 无加减针 |
| 1 | 80针 | |
| 起针 | 40针锁针起针 | |

**14**

**〈提手编织图〉**

第1根提手：
用编织图的配色编织
第2根提手：
用灰色线单色编织
* 制作2根
* 编织起点的线保留20cm备用

**〈主体编织图〉** *第2行以后为平针短针（p.44）

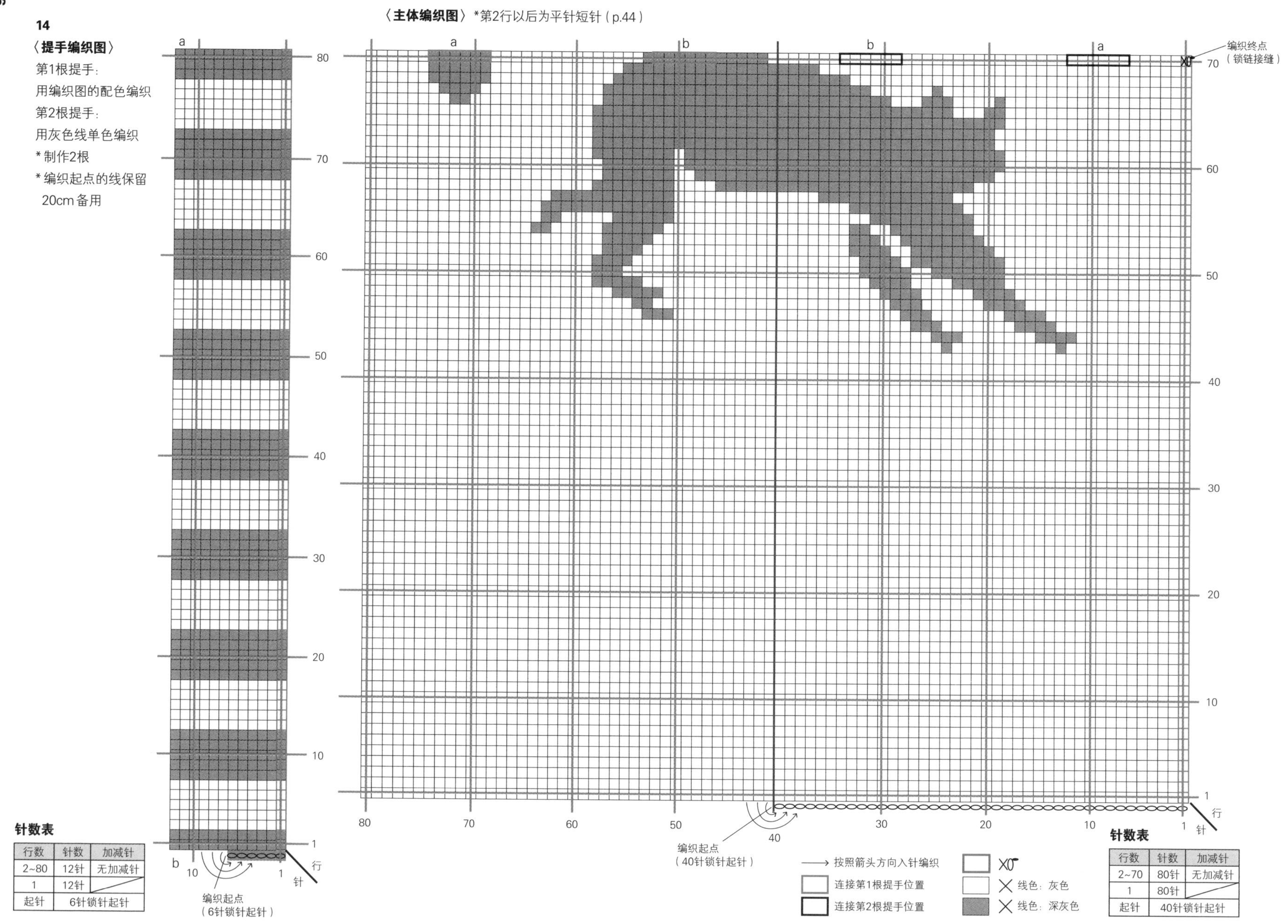


**针数表**

| 行数 | 针数 | 加减针 |
|---|---|---|
| 2~80 | 12针 | 无加减针 |
| 1 | 12针 | |
| 起针 | 6针锁针起针 | |

**针数表**

| 行数 | 针数 | 加减针 |
|---|---|---|
| 2~70 | 80针 | 无加减针 |
| 1 | 80针 | |
| 起针 | 40针锁针起针 | |

# 15 哈巴狗图案翻盖包 / p.27

[ **线** ] 和麻纳卡 Luna Mole 米色（1）280g，
Amerry 黑色（52）10g

[ **针** ] 钩针7/0号（Luna Mole）、5/0号（Amerry），
毛线缝针

[ **其他** ] 带垫圈的动物眼珠（黑色、褐色：15mm）2个，
带垫圈的动物鼻子（黑色：12mm）1组，
方环（内侧尺寸50mm×20mm）4个

[ **编织密度** ] 编织花样10cm×10cm面积内：16针、13行

[ **完成尺寸** ] 参考图片

[ **制作方法** ]

①编织主体。在35针锁针起针上，编织76针短针。按照编织图，编织43行编织花样。

②制作提手。编织方环连接袢和提手，参考**图A**完成组合。在主体编织图上的安装方环连接袢位置，分别安装方环连接袢（参考**组合方法**）。

③制作哈巴狗的脸。按照各个编织图，编织脸部各部件，参考**图B**，完成组合。

④按照编织图，编织盖子和前足部件，参考**图C**完成组合，缝上③中组合好的脸。在主体编织图的安装盖子位置，安装盖子（参考**组合方法**）。

〈**主体编织图**〉

*线色：米色

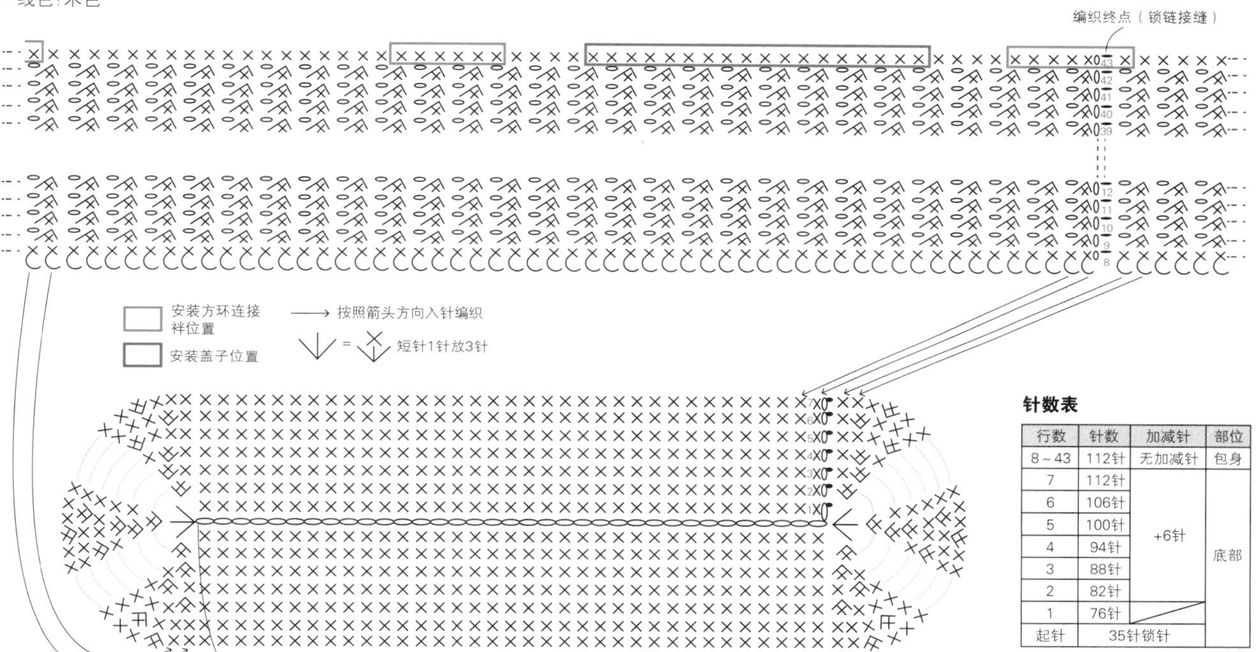


**针数表**

| 行数 | 针数 | 加减针 | 部位 |
|---|---|---|---|
| 8～43 | 112针 | 无加减针 | 包身 |
| 7 | 112针 | +6针 | 底部 |
| 6 | 106针 | | |
| 5 | 100针 | | |
| 4 | 94针 | | |
| 3 | 88针 | | |
| 2 | 82针 | | |
| 1 | 76针 | | |
| 起针 | 35针锁针 | | |

〈**眼周编织图**〉

*线色：黑色

*编织2片

*钩针5/0号

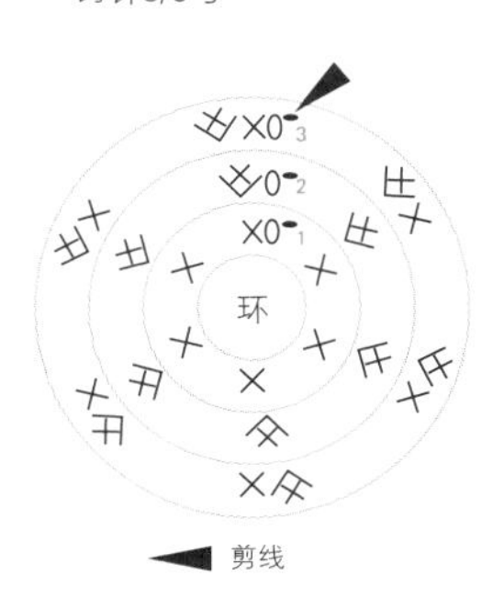


〈**前足编织图**〉

*线色：米色

*编织2片

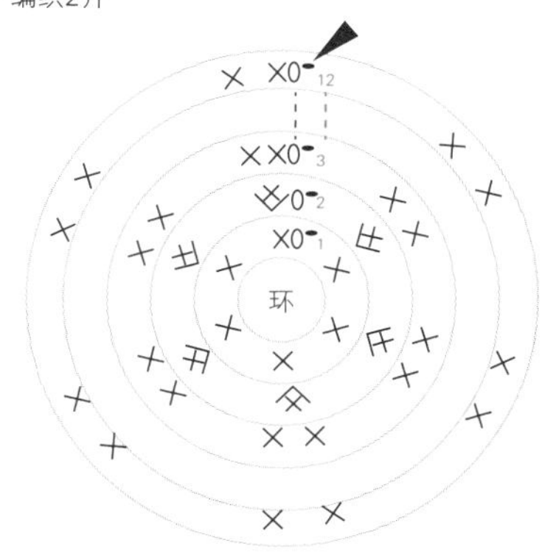

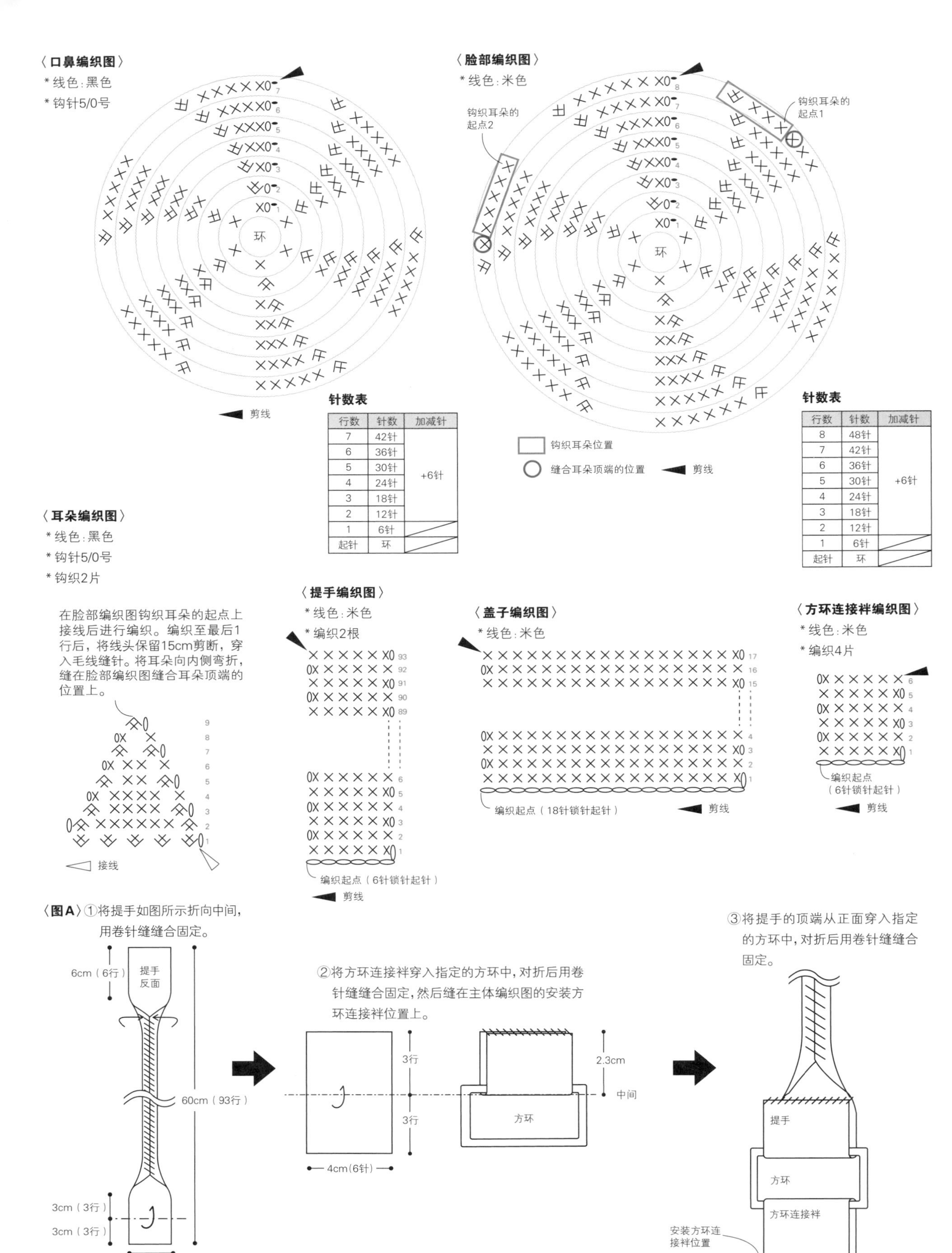


针数表（口鼻）

| 行数 | 针数 | 加减针 |
|---|---|---|
| 7 | 42针 | +6针 |
| 6 | 36针 | |
| 5 | 30针 | |
| 4 | 24针 | |
| 3 | 18针 | |
| 2 | 12针 | |
| 1 | 6针 | |
| 起针 | 环 | |

针数表（脸部）

| 行数 | 针数 | 加减针 |
|---|---|---|
| 8 | 48针 | +6针 |
| 7 | 42针 | |
| 6 | 36针 | |
| 5 | 30针 | |
| 4 | 24针 | |
| 3 | 18针 | |
| 2 | 12针 | |
| 1 | 6针 | |
| 起针 | 环 | |

〈**图B**〉

①捏住脸部织片的第3行和第5行，如图所示缝合，制作额头的褶皱。

②口鼻部分也像额头的褶皱一样，捏住第5行和第7行、第1行和第3行，用黑色线缝合后，将动物鼻子安装在图示位置上。

③将口鼻和眼周缝在脸部织片上，安装动物眼珠。

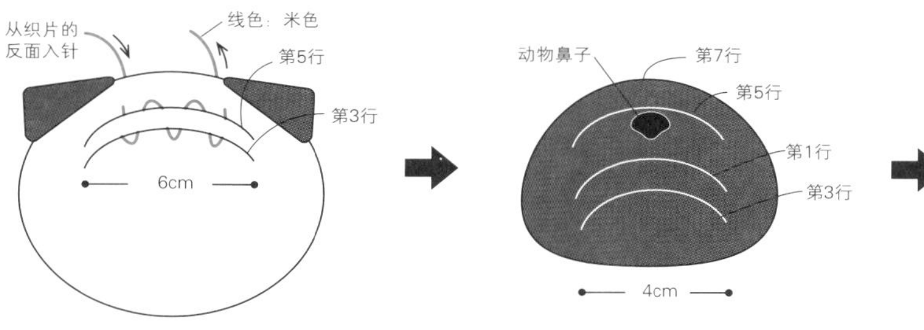


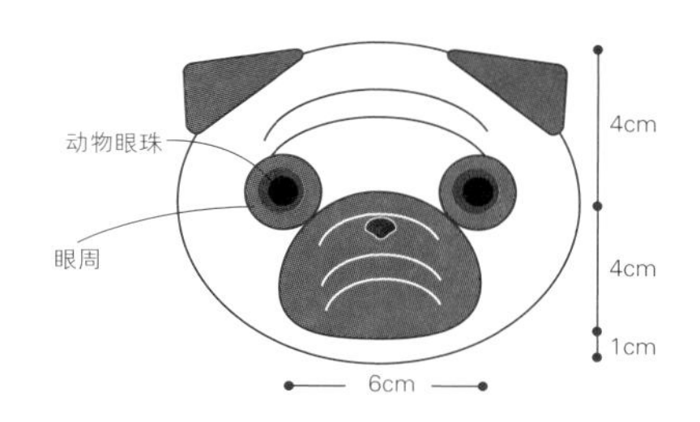


〈**图C**〉

将前足的织片用熨斗熨平，用黑色线（使用2根线）在足尖绣出爪子。将前足用卷针缝缝在图示位置，将在**图B**中做好的哈巴狗的脸部用平针缝缝在盖子上。

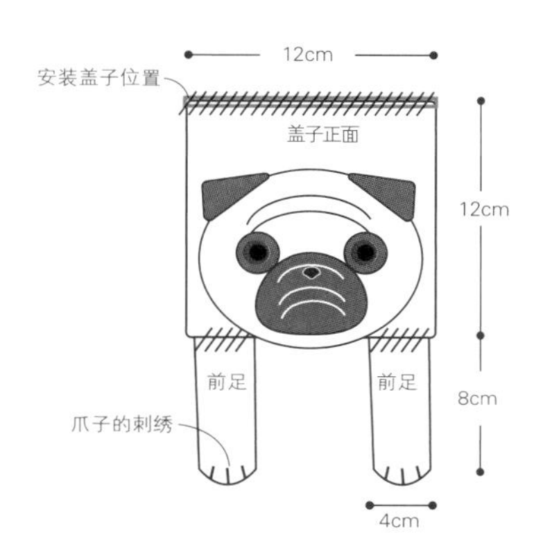


〈**组合方法**〉

参考主体编织图和下图，将提手和盖子缝在主体上。

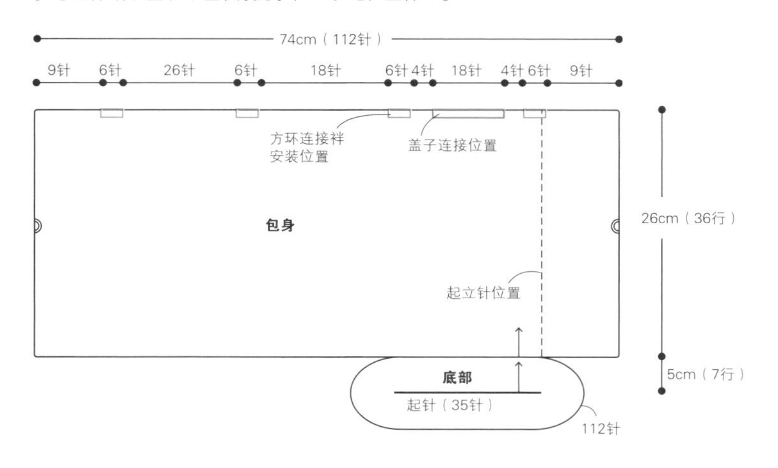


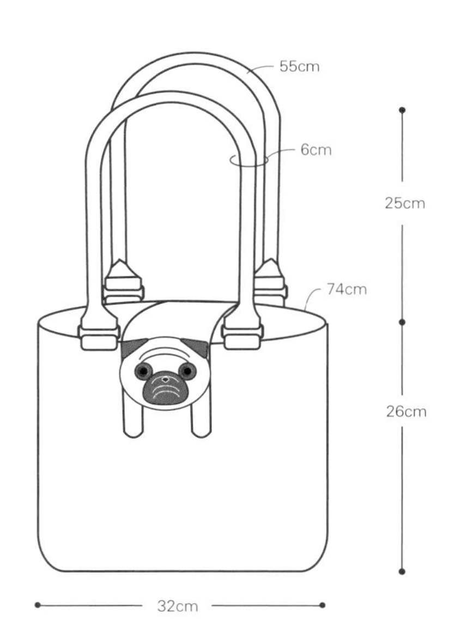

# 16 熊猫图案口金包 / p.29

[ **线** ] DMC SAMARA 白色（400）180g，黑色、白色（402）80g
[ **针** ] 钩针6/0号（提手）、10/0号（主体、耳朵）、毛线缝针、手缝针
[ **其他** ] 和麻纳卡 包用口金（古铜色：H207-009：20cm×11.5cm）1个、带龙虾扣的链条提手（INAZUMA BK-48全长48cm、链条外径1cm）1根、手缝线（白色）
[ **编织密度** ] 短针10cm×10cm面积内：11针、12行
[ **完成尺寸** ] 参考图片

[ **制作方法** ]
①编织主体。在环形起针上钩织6针短针。按照编织图，编织至第37行。
②参考**口金的安装方法**，将口金缝在主体上。
③在主体编织图缝合耳朵位置，参考**耳朵编织图**，编织2只耳朵。
④参考**提手编织图**，在中间钩入线，将提手安装在口金的圆环上。

〈**提手编织图**〉
*线色：黑色、白色

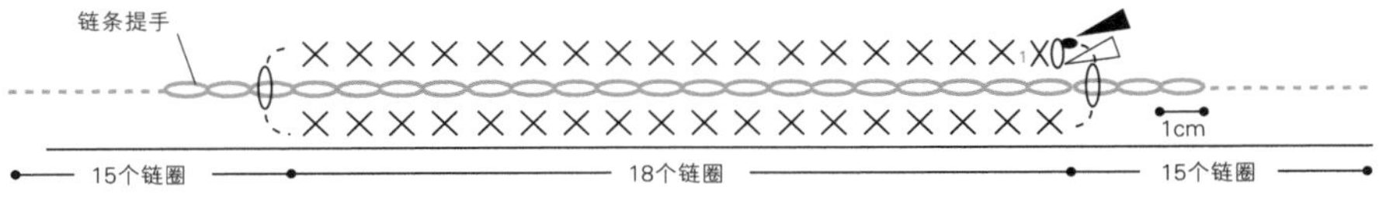


接线
剪线

〈**耳朵编织图**〉
*线色：黑色、白色
*编织2处
从右侧挑起第35行的短针的根部

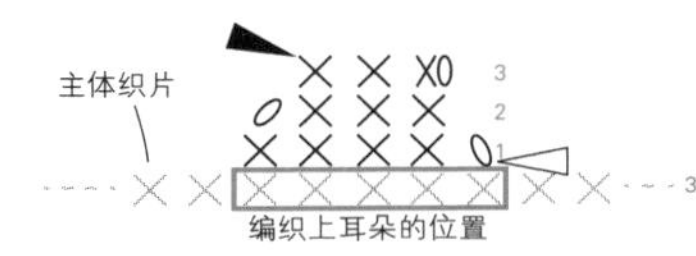


接线
剪线

〈**口金的安装方法**〉
①打开口金，将主体织片的边缘夹入口金的缝隙内。

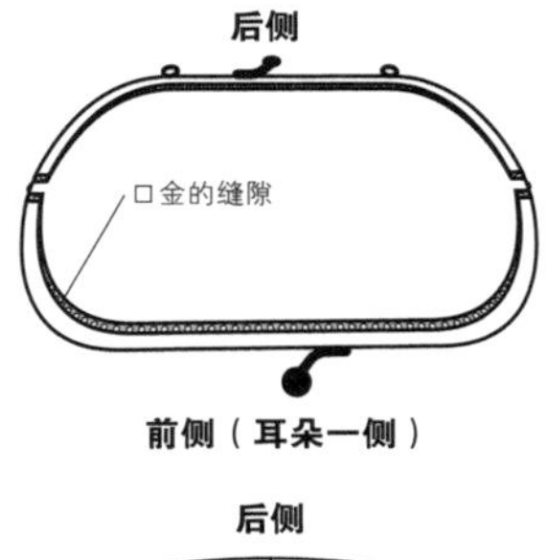


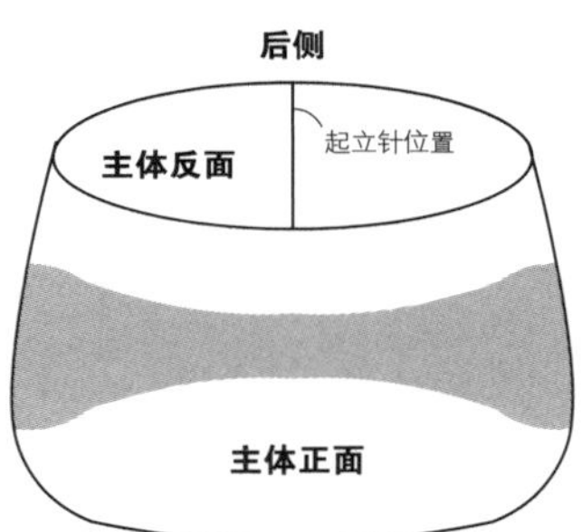


②如图所示用夹子固定口金的8个位置。用白色手缝线，用卷针缝缝上口金。

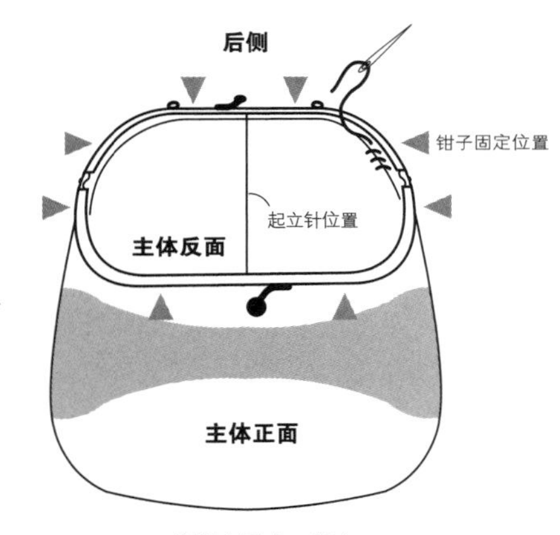


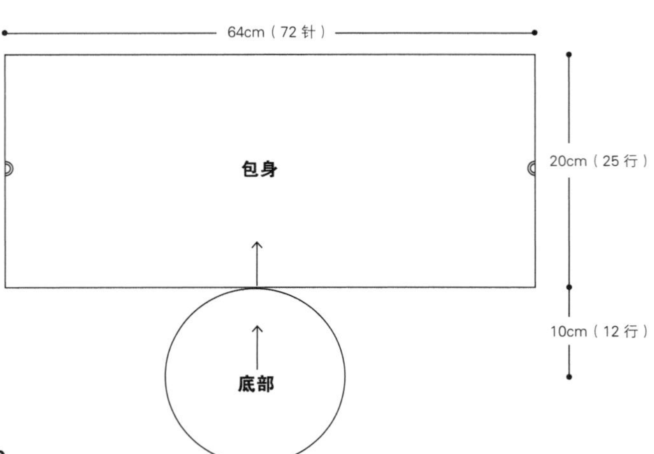


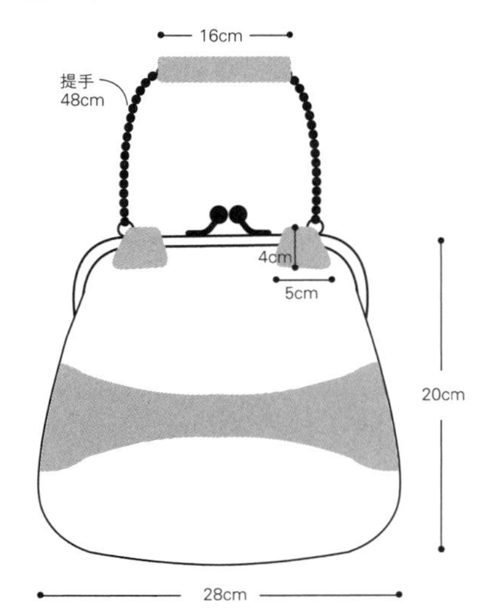

〈主体编织图〉

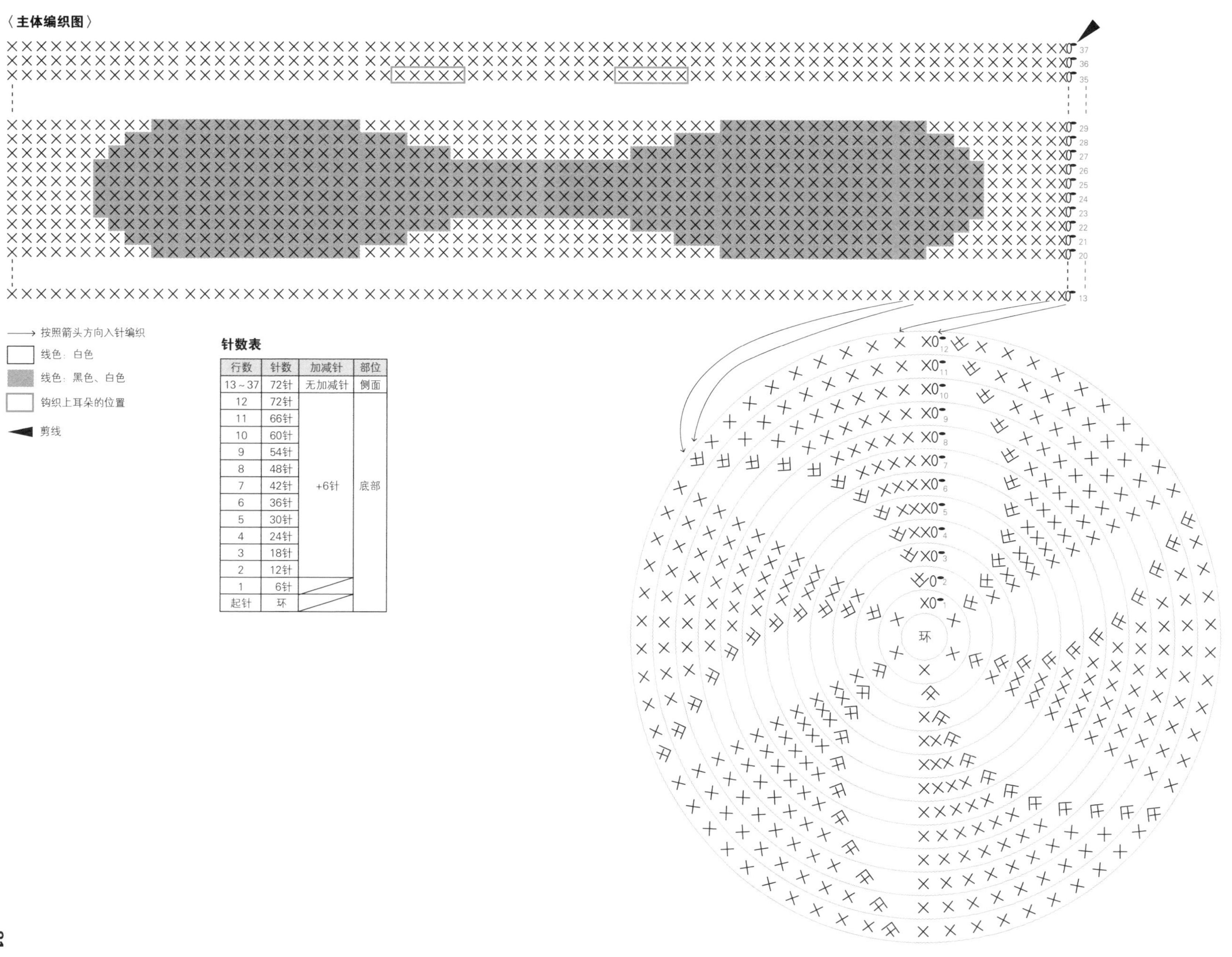


→ 按照箭头方向入针编织

□ 线色：白色

■ 线色：黑色、白色

□ 钩织上耳朵的位置

◀ 剪线

**针数表**

| 行数 | 针数 | 加减针 | 部位 |
| --- | --- | --- | --- |
| 13～37 | 72针 | 无加减针 | 侧面 |
| 12 | 72针 | +6针 | 底部 |
| 11 | 66针 | | |
| 10 | 60针 | | |
| 9 | 54针 | | |
| 8 | 48针 | | |
| 7 | 42针 | | |
| 6 | 36针 | | |
| 5 | 30针 | | |
| 4 | 24针 | | |
| 3 | 18针 | | |
| 2 | 12针 | | |
| 1 | 6针 | | |
| 起针 | 环 | | |

# 17~23 尾巴挂饰 / p.30

**21**

［**线**］DMC HAPPY CHENILLE 奶油色（10）10g、黑色（22）5g

［**针**］钩针7/0号、毛线缝针

［**其他**］带龙虾扣的包用链条（金色：20.5cm）1根、

圆环（金色：8mm）1个、

龙虾扣（金色：16mm×8mm）1个、钳子、蓬松棉少量

［**完成尺寸**］直径5cm、长21cm

［**制作方法**］

①编织主体。在环形起针上编织6针短针。按照编织图，无加减针编织至整体的80%左右。

②塞入蓬松棉。

③继续编织至最后1行后，将线头保留指定的长度后剪断。将线头穿入毛线缝针，用卷针缝合最后1行的针目，拉紧（**22** 参考p.84**组合方法**）。

④参考**圆环的安装方法**，安装五金件。

⑤**17~22**连接包用链条。

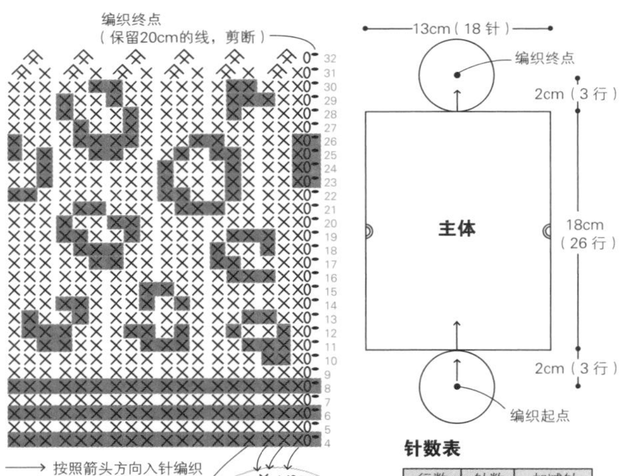


**针数表**

| 行数 | 针数 | 加减针 |
| --- | --- | --- |
| 32 | 6针 | −6针 |
| 31 | 12针 | |
| 4~30 | 18针 | 无加减针 |
| 3 | 18针 | +6针 |
| 2 | 12针 | |
| 1 | 6针 | |
| 起针 | 环 | |

〈**圆环的安装方法**〉

①用钳子夹住圆环的切口附近。

②按照前后箭头的方向错开圆环两端。

③将打开的圆环穿过织片的针目。

圆环

钳子的顶端

外侧

内侧

17~21 编织终点

22、23 编织起点

④将龙虾扣穿入圆环。

龙虾扣

⑤用钳子关闭圆环。

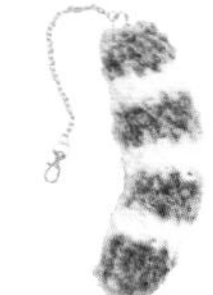

**19**

［**线**］DMC SAMARA 白色（400）20g，黑色、白色（402）25g

［**针**］钩针10/0号、毛线缝针

［**其他**］带龙虾扣的包用链条（金色：20.5cm）1根、

圆环（金色：8mm）1个、

龙虾扣（金色：16mm×8mm）1个、钳子、蓬松棉少量

［**完成尺寸**］直径5cm、长20cm

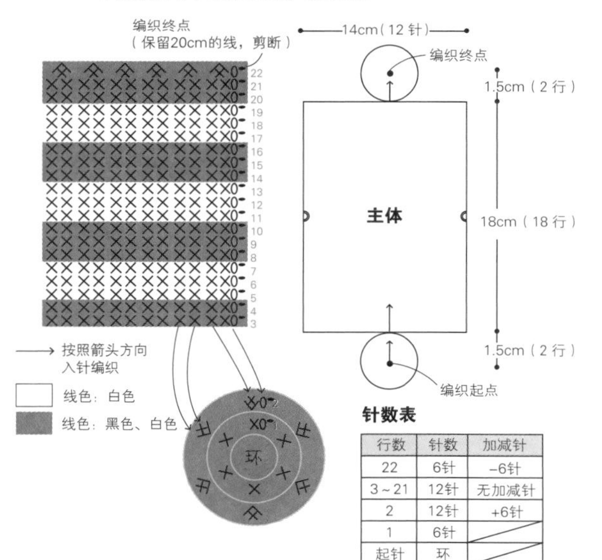


**针数表**

| 行数 | 针数 | 加减针 |
| --- | --- | --- |
| 22 | 6针 | −6针 |
| 3~21 | 12针 | 无加减针 |
| 2 | 12针 | +6针 |
| 1 | 6针 | |
| 起针 | 环 | |

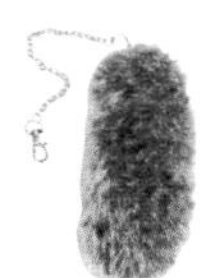

**18**

［**线**］和麻纳卡 Lupo 深褐色（4）40g

［**针**］钩针10/0号、毛线缝针

［**其他**］带龙虾扣的包用链条（金色：20.5cm）1根、

圆环（金色：8mm）1个、

龙虾扣（金色：16mm×8mm）1个、钳子、蓬松棉少量

［**完成尺寸**］直径7cm、长17cm

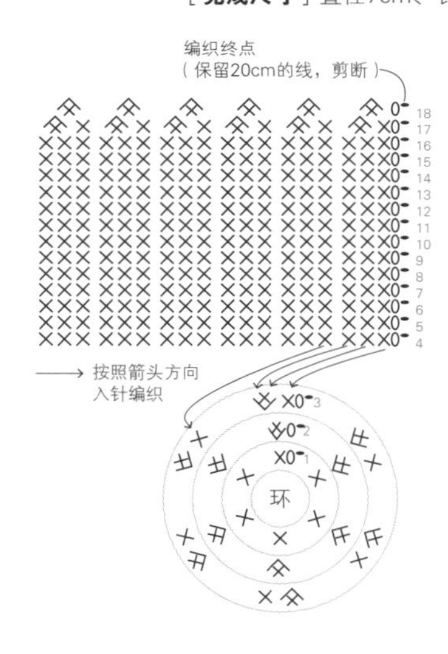


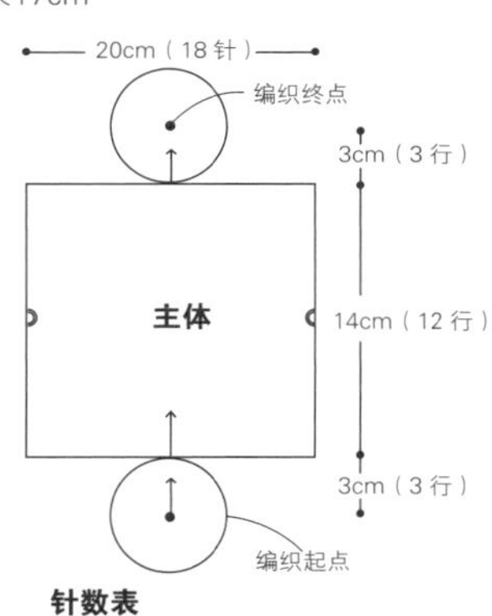


**针数表**

| 行数 | 针数 | 加减针 |
| --- | --- | --- |
| 18 | 6针 | −6针 |
| 17 | 12针 | |
| 4~16 | 18针 | 无加减针 |
| 3 | 18针 | +6针 |
| 2 | 12针 | |
| 1 | 6针 | |
| 起针 | 环 | |

## 17

［线］Rich More EXCELLENT MOHAIR COUNT 10 奶油色（3）10g、芥末黄色（94）10g、深褐色（83）10g

［针］钩针7/0号、毛线缝针

［其他］带龙虾扣的包用链条（金色：20.5cm）1根、圆环（金色：8mm）1个、龙虾扣（金色：16mm×8mm）1个、钳子、蓬松棉少量

［完成尺寸］直径5cm、长21cm

*使用2根线

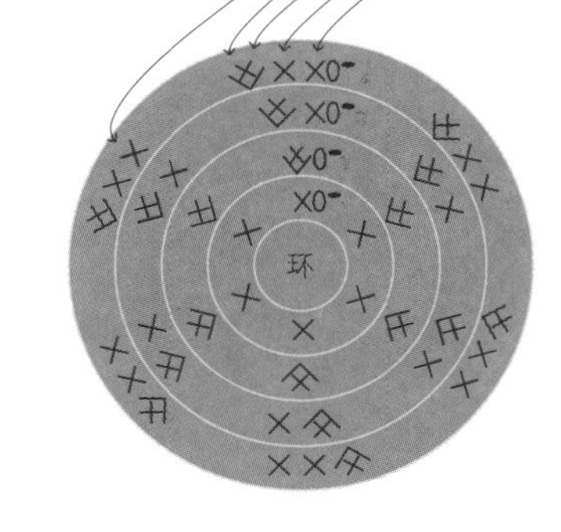


### 针数表

| 行数 | 针数 | 加减针 |
|---|---|---|
| 44 | 6针 | -6针 |
| 43 | 12针 | |
| 42 | 18针 | |
| 5～41 | 24针 | 无加减针 |
| 4 | 24针 | +6针 |
| 3 | 18针 | |
| 2 | 12针 | |
| 1 | 6针 | |
| 起针 | 环 | |

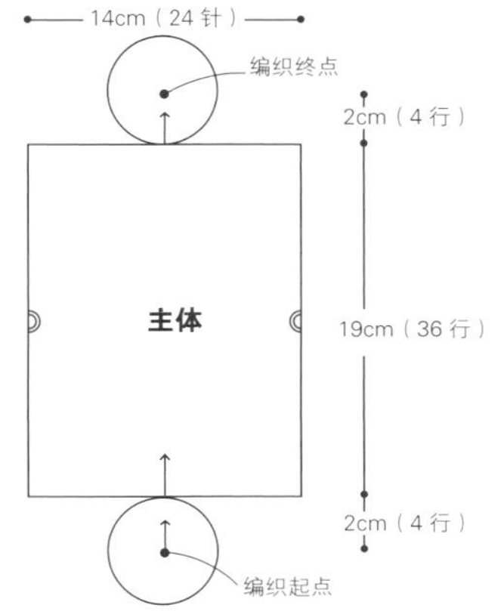


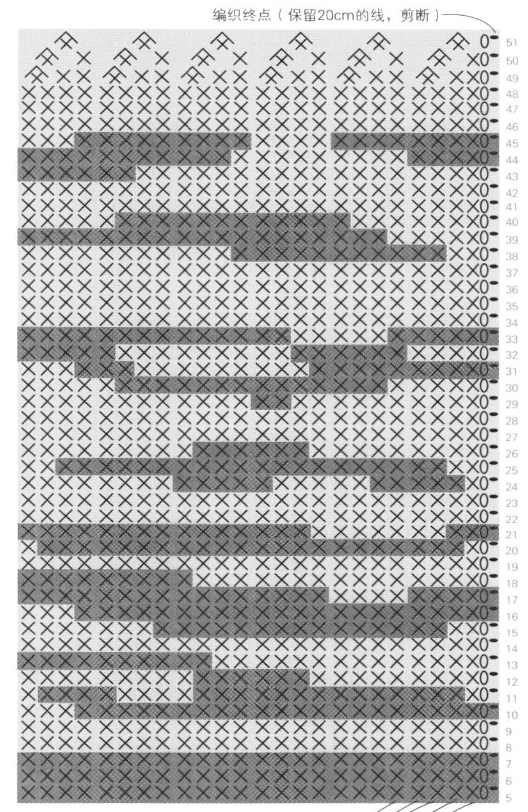

## 20

［线］和麻纳卡 Amerry 芥末黄色（41）25g、黑色（52）25g

［针］钩针6/0号、毛线缝针

［其他］带龙虾扣的包用链条（金色：20.5cm）1根、圆环（金色：8mm）1个、龙虾扣（金色：16mm×8mm）1个、钳子、蓬松棉少量

［完成尺寸］直径5cm、长23cm

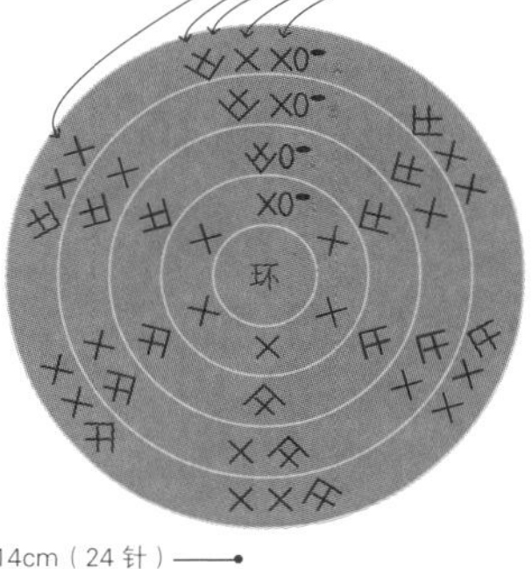


### 针数表

| 行数 | 针数 | 加减针 |
|---|---|---|
| 51 | 6针 | -6针 |
| 50 | 12针 | |
| 49 | 18针 | |
| 5～48 | 24针 | 无加减针 |
| 4 | 24针 | +6针 |
| 3 | 18针 | |
| 2 | 12针 | |
| 1 | 6针 | |
| 起针 | 环 | |

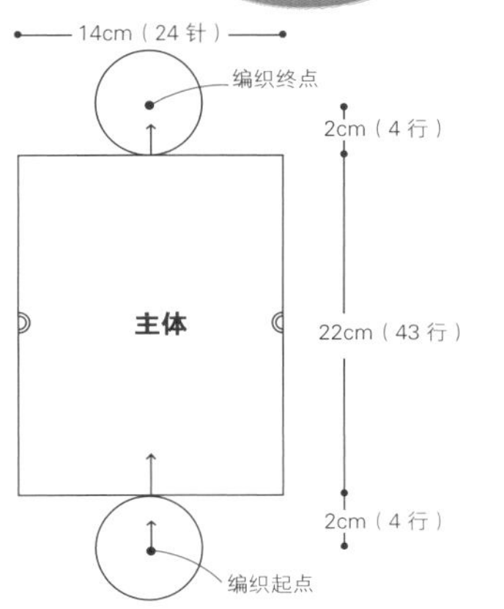

## 22

[**线**] Rich More spectre modem 蓝绿色（14）25g、橙色（27）20g，SUSPENSE 粉色（16）10g

[**针**] 钩针7/0号、毛线缝针

[**其他**] 带龙虾扣的包用链条（金色：20.5cm）1根、圆环（金色：8mm）1个、龙虾扣（金色：16mm×8mm）1个、钳子、蓬松棉少量

[**完成尺寸**] 参考图片

## 23

[**线**] Rich More EXCELLENT MOHAIR COUNT 10 粉色（61）15g

[**针**] 钩针5/0号、毛线缝针

[**其他**] 圆环（金色：8mm）1个、龙虾扣（金色：16mm×8mm）1个、钳子、蓬松棉少量

[**完成尺寸**] 参考图片

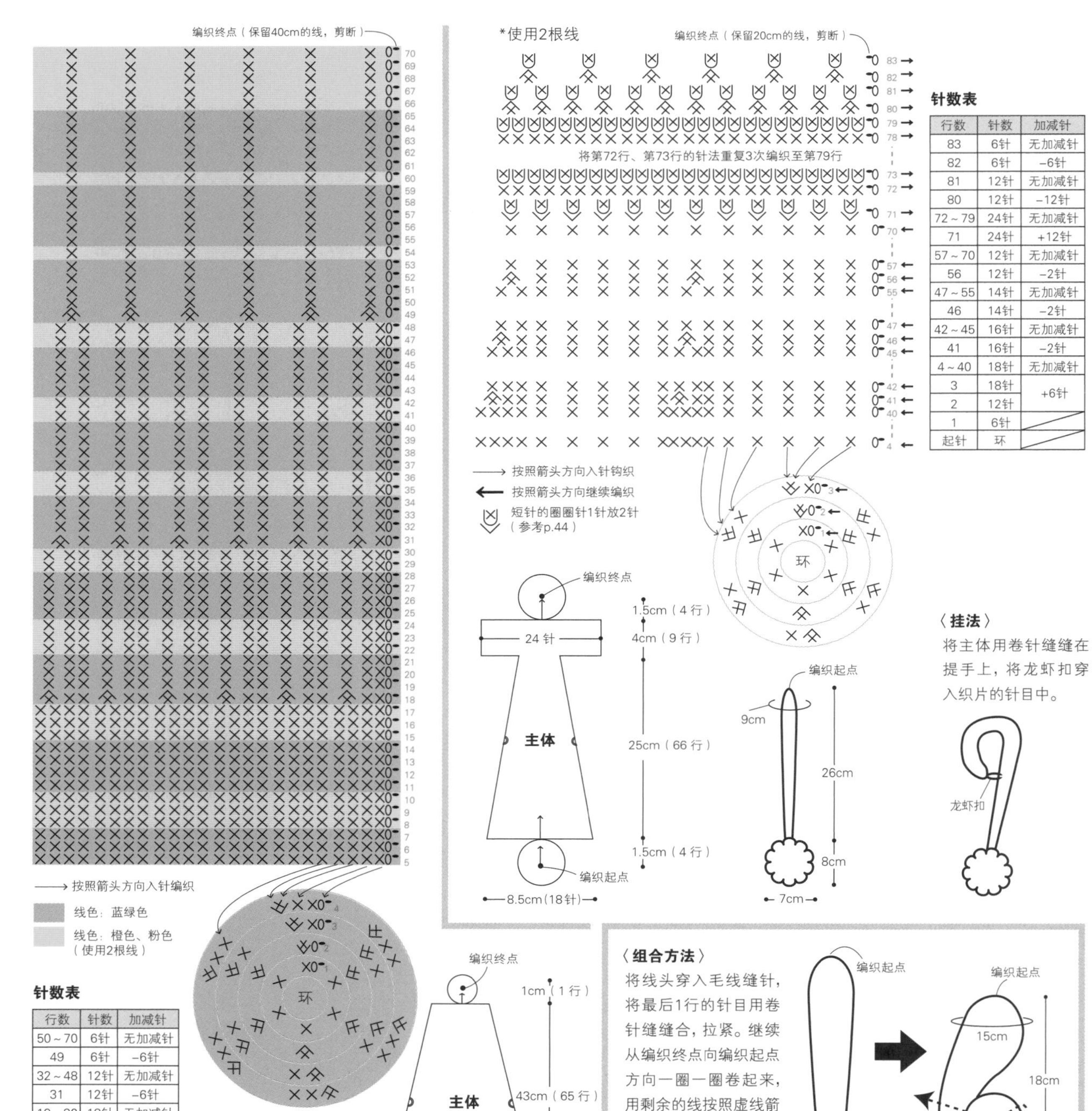


**针数表**（22）

| 行数 | 针数 | 加减针 |
|---|---|---|
| 50～70 | 6针 | 无加减针 |
| 49 | 6针 | −6针 |
| 32～48 | 12针 | 无加减针 |
| 31 | 12针 | −6针 |
| 19～30 | 18针 | 无加减针 |
| 18 | 18针 | −6针 |
| 5～17 | 24针 | 无加减针 |
| 4 | 24针 | +6针 |
| 3 | 18针 | |
| 2 | 12针 | |
| 1 | 6针 | |
| 起针 | 环 | |

**针数表**（23）

| 行数 | 针数 | 加减针 |
|---|---|---|
| 83 | 6针 | 无加减针 |
| 82 | 6针 | −6针 |
| 81 | 12针 | 无加减针 |
| 80 | 12针 | −12针 |
| 72～79 | 24针 | 无加减针 |
| 71 | 24针 | +12针 |
| 57～70 | 12针 | 无加减针 |
| 56 | 12针 | −2针 |
| 47～55 | 14针 | 无加减针 |
| 46 | 14针 | −2针 |
| 42～45 | 16针 | 无加减针 |
| 41 | 16针 | −2针 |
| 4～40 | 18针 | 无加减针 |
| 3 | 18针 | +6针 |
| 2 | 12针 | |
| 1 | 6针 | |
| 起针 | 环 | |

**〈挂法〉**

将主体用卷针缝缝在提手上，将龙虾扣穿入织片的针目中。

**〈组合方法〉**

将线头穿入毛线缝针，将最后1行的针目用卷针缝缝合，拉紧。继续从编织终点向编织起点方向一圈一圈卷起来，用剩余的线按照虚线箭头缝合固定，注意不要在正面露出痕迹。

# 24 孔雀图案手拎包 / p.34

[ 线 ] 和麻纳卡 eco・ANDARIA 亮绿松石色（184）160g、葡萄紫色（160）40g、亮蓝色（185）70g、金色（170）60g、亮绿色（183）20g、海蓝色（72）160g

[ 针 ] 钩针8/0号、毛线缝针

[ 编织密度 ] 侧边：编织花样8.5cm内11针，10cm内18行

[ 完成尺寸 ] 参考图片

[ 制作方法 ] ※使用2根线编织。

① 编织主体。在环形起针上钩织7针长针。按照编织图，往返编织至第16行。共编织2片。

② 按照主体边缘编织图，做边缘编织。

③ 按照**侧边编织图和边缘编织图**，将侧边编织至第137行（红色的边缘不编织）。

④ 将2片主体和1片侧边用蒸汽熨斗熨烫，调整形状。

⑤ 编织提手和孔雀花片。参考p.86**提手编织图**，编织2根提手。参考p.86**孔雀花片编织图**，编织2片花片。

⑥ 参考**侧边编织图和边缘编织图**的边缘编织和p.86**侧边的连接方法**，连接侧边，缝上提手和孔雀花片。

〈主体编织图〉

*编织2片

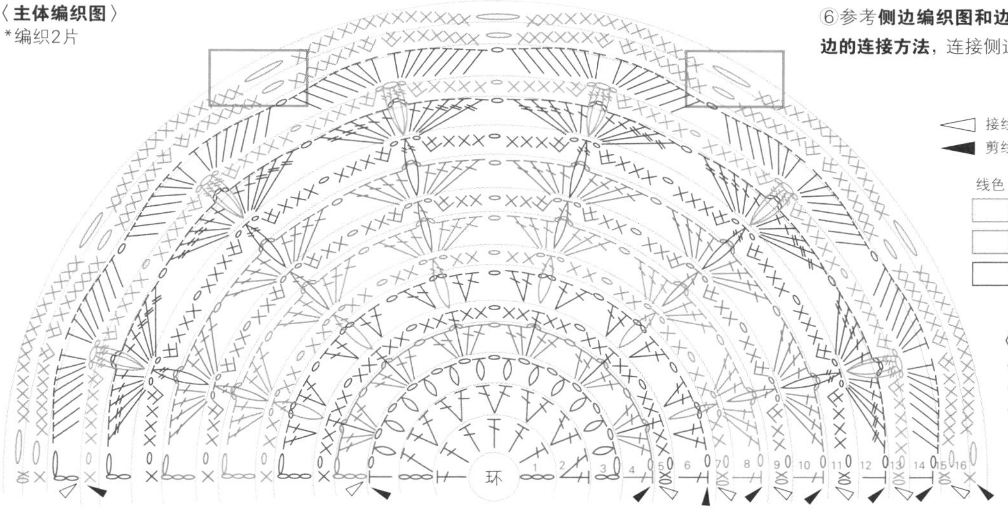

接线

剪线

连接提手位置

线色

亮绿色

葡萄紫色

金色

亮绿松石色

亮蓝色

〈侧边编织图和边缘编织图〉

*侧边主体线色：海蓝色

*边缘编织线色：亮绿松石色

*用边缘编织连接主体和侧边

边缘编织

引拔针拼接

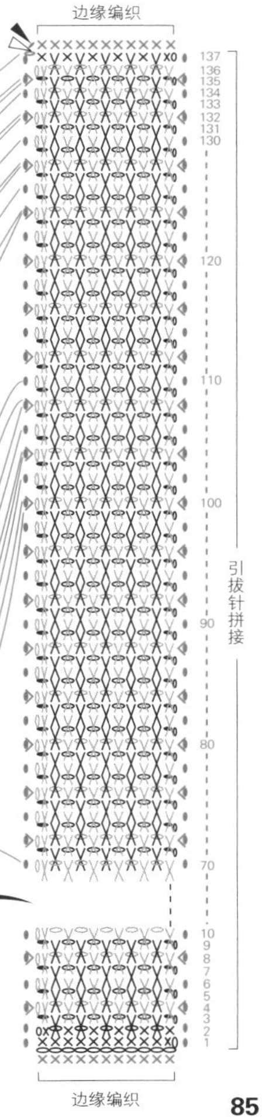

〈主体边缘编织图〉

*线色：亮绿松石色

*编织2片

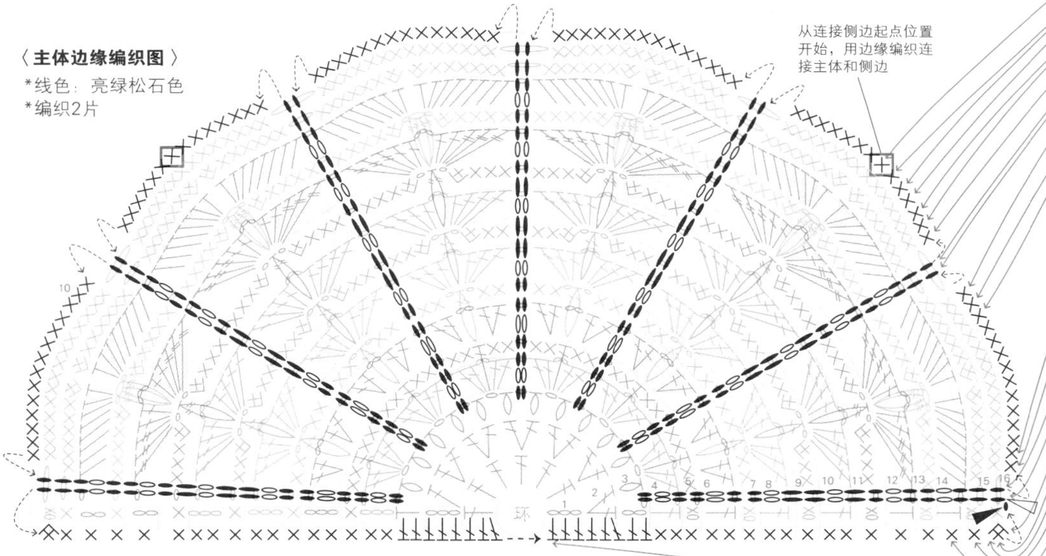

从连接侧边起点位置开始，用边缘编织连接主体和侧边

按照箭头方向继续编织

接线

剪线

连接侧边起点位置

连接侧边终点位置

〈侧边放大图〉

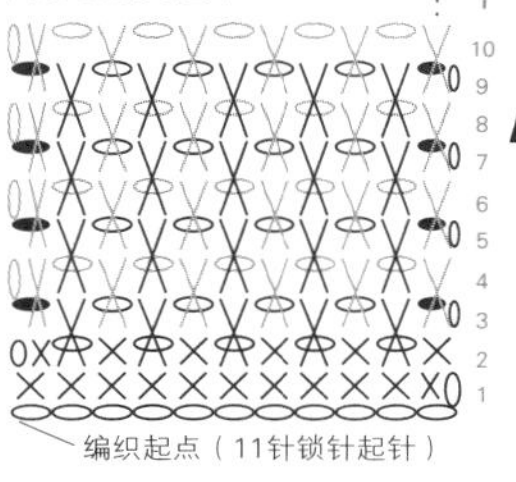

编织起点（11针锁针起针）

按照箭头方向入针钩织

引拔针1针放2针

包住前一行的针目，在前面第2行的头部入针钩织

接线

剪线

〈侧边的连接方法〉

①将主体侧面（1）和侧边反面相对，用亮绿松石色（使用2根线）按照p.85**侧边编织图和边缘编织图**的边缘编织，用引拔针连接主体与侧边。
②编织至主体侧面（1）的连接侧边终点位置后，在侧边起针一侧用11针短针编织边缘。
③将主体侧面（2）和侧边反面相对，与主体侧面（1）相同，连接主体与侧边。
④将侧边的最后1行用11针短针编织边缘，在第1针立织的锁针上编织引拔针。

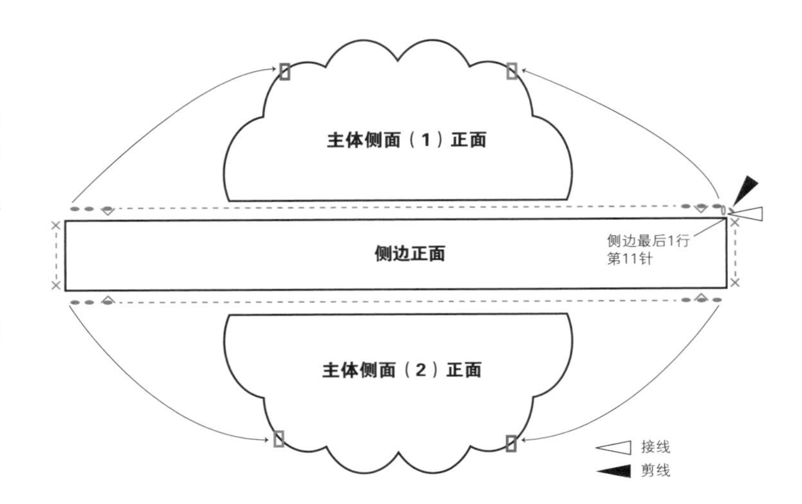


〈孔雀花片编织图〉

*线色:亮蓝色

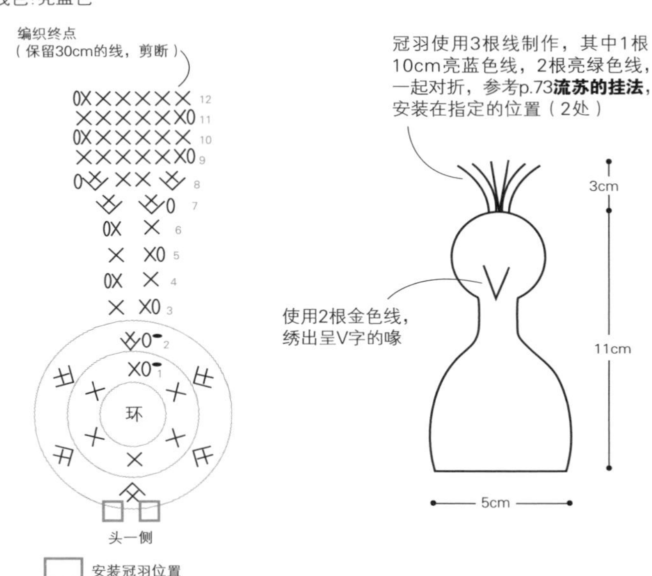


〈提手编织图〉

*线色:海蓝色
*编织2根

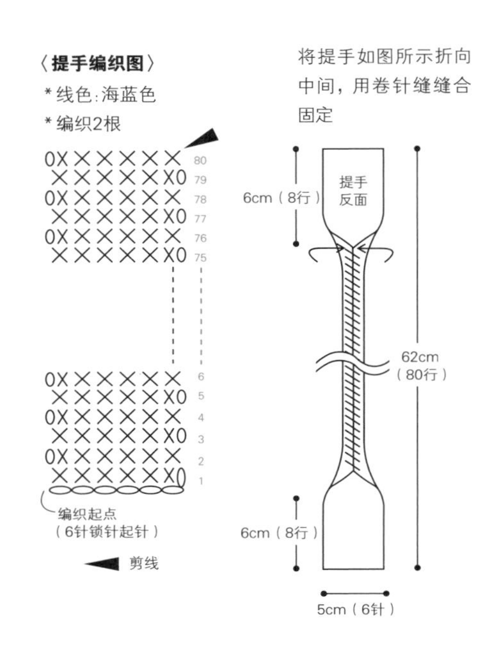


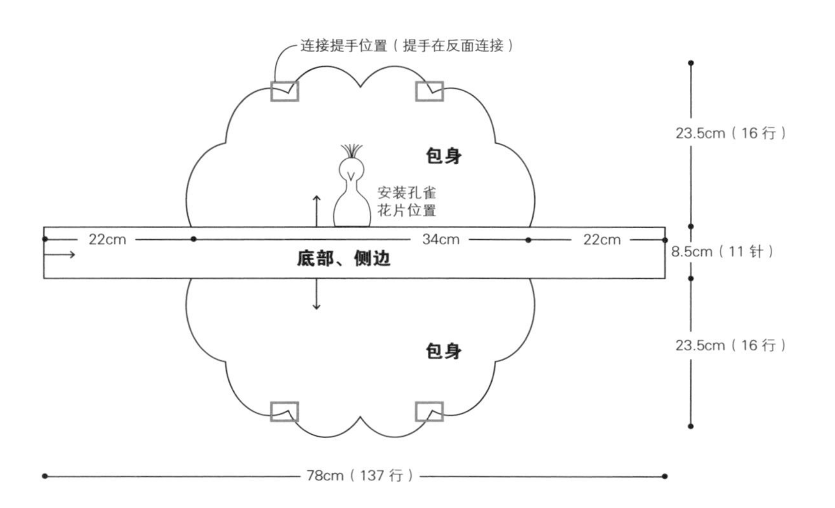


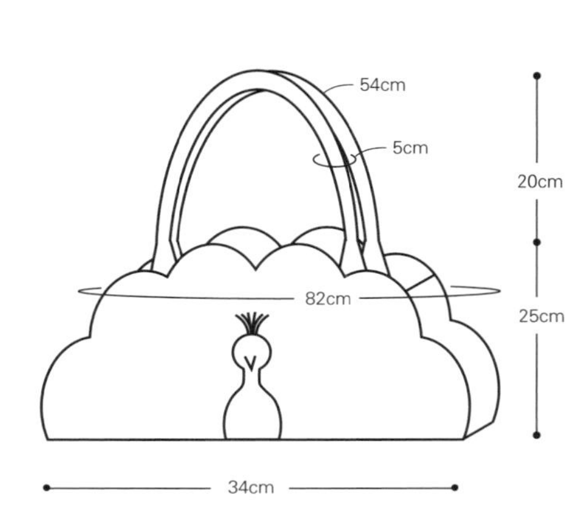

# 25 森林图案圆饼包 / p.36

[ **线** ] 和麻纳卡 eco・ANDARIA 金色（172）230g
[ **针** ] 钩针7/0号、毛线缝针
[ **编织密度** ] 包包：短针10cm内19行
[ **完成尺寸** ] 参考图片

[ **制作方法** ]

①编织主体。在环形起针上编织13针短针。按照编织图，编织至第32行。共编织2片。
②编织侧边。按照侧边编织图，编织至第97行。线不剪断，备用。
③将2片主体和1片侧边用蒸汽熨斗熨烫，调整形状。
④参考**提手编织图**，编织2根提手。
⑤参考**边缘编织图**和**侧边的连接方法**，连接侧边和提手。

**〈侧边编织图〉**

*钩针7/0号

编织终点
（线不剪断，备用）

6行1个花样×7

6行1个花样×7

编织起点（9针锁针起针）

**〈侧边的连接方法〉**

①将主体侧面（1）和侧边反面相对，按照p.88**边缘编织图**，用短针连接主体与侧边。
②编织至主体侧面（1）的连接侧边终点位置后，编织1针锁针，再将侧边起针一侧用9针大短针编织边缘。然后编织1针锁针。
③将主体侧面（2）和侧边反面相对，与主体侧面（1）相同，连接主体与侧边。
④编织1针锁针，再将侧边的最后1行一侧用9针大短针编织边缘，然后再编织1针锁针。在第1针立织的锁针上钩织引拔针。

主体侧面（1）正面
侧边正面
侧边最后1行第9针
主体侧面（2）正面
剪线

**〈提手编织图〉**

*钩针7/0号　*编织2根
*在编织起点和编织终点保留40cm的线后剪断

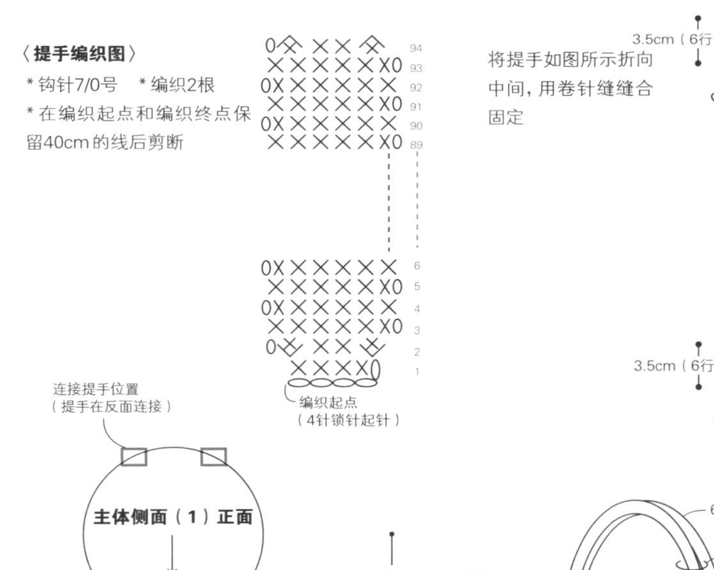


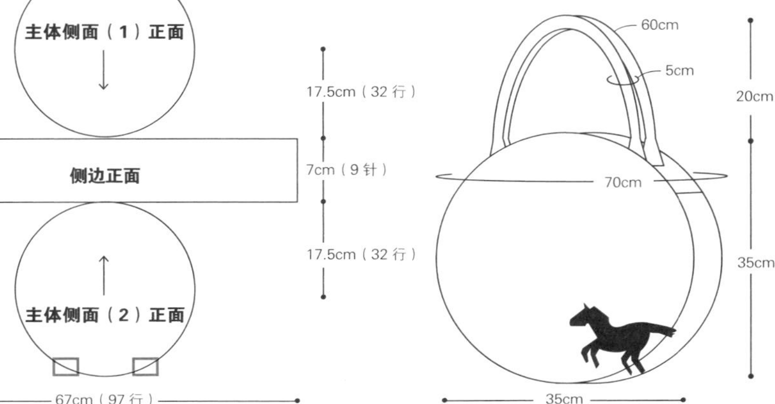

**针数表**

| 行数 | 针数 | 加减针 | 行数 | 针数 | 加减针 |
|---|---|---|---|---|---|
| 15 | 78针 | +13针 | 31、32 | 143针 | 无加减针 |
| 13、14 | 65针 | 无加减针 | 30 | 143针 | +13针 |
| 12 | 65针 | +13针 | 28、29 | 130针 | 无加减针 |
| 10、11 | 52针 | 无加减针 | 27 | 130针 | +13针 |
| 9 | 52针 | +13针 | 25、26 | 117针 | 无加减针 |
| 7、8 | 39针 | 无加减针 | 24 | 117针 | +13针 |
| 6 | 39针 | +13针 | 22、23 | 104针 | 无加减针 |
| 3～5 | 26针 | 无加减针 | 21 | 104针 | +13针 |
| 2 | 26针 | +13针 | 19、20 | 91针 | 无加减针 |
| 1 | 13针 |  | 18 | 91针 | +13针 |
| 起针 | 环 |  | 16、17 | 78针 | 无加减针 |

挑起前面第2行的根部编织

包住前一行、前面第2行的针目，在前面第3行头部编织

包住前一行、前面第2行的针目，在前面第3行的头部编织

剪线

连接提手位置

连接侧边起点位置

连接侧边终点位置

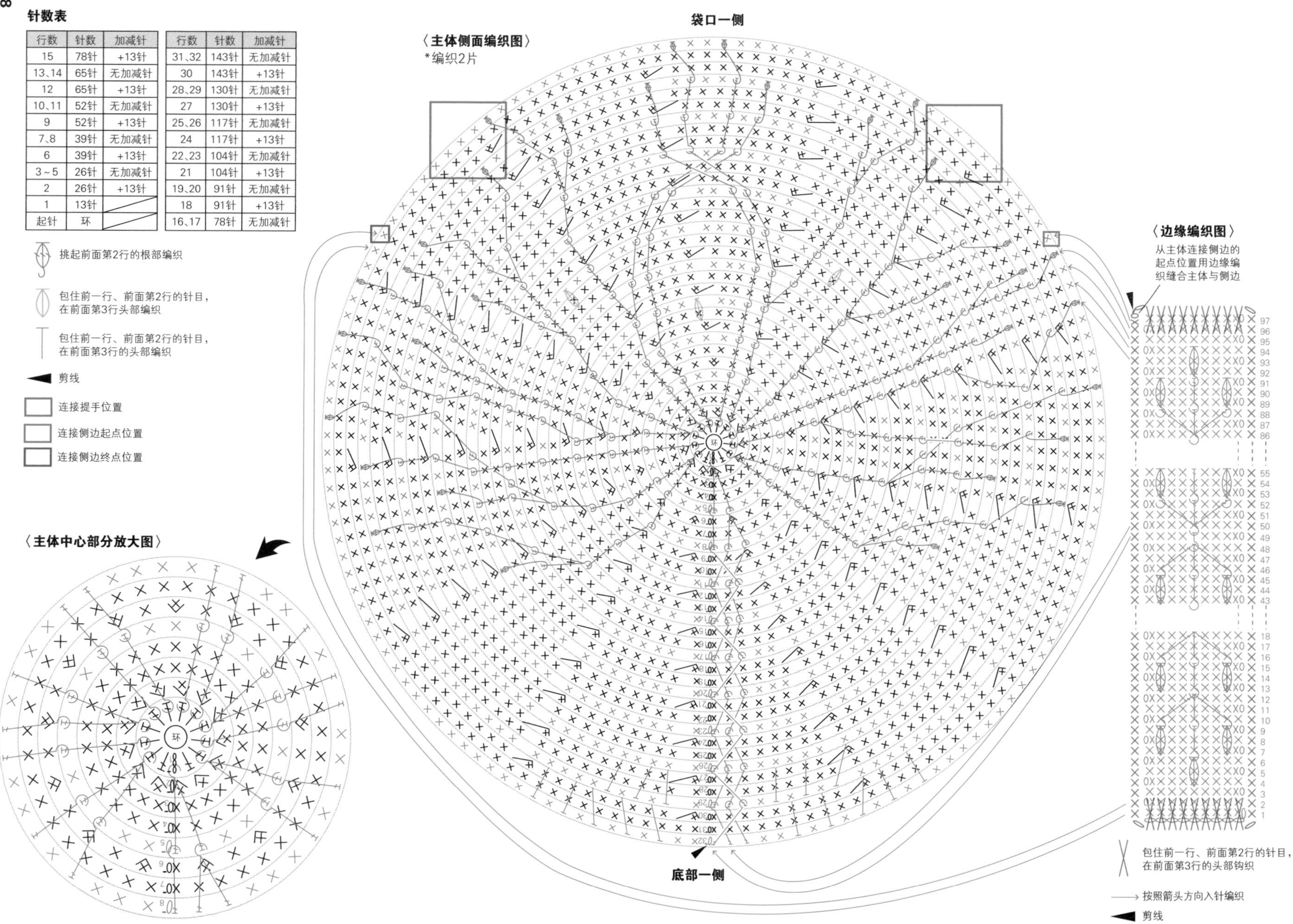

# 26~28 动物图案徽章 / p.37

26

27

28

［线］和麻纳卡 eco・ANDARIA 金色（172）、黑色（30）、白色（168）、藏青色（72）各5g

［针］钩针5/0号、毛线缝针、手缝针

［其他］不织布（厚度2.2mm）合线的颜色各1片、别针（40mm）各1个、手缝线（别针用）、胶水

［完成尺寸］参考图片

［制作方法］

①按照编织图，编织徽章的织片。

②参考**组合方法**，组合成徽章。

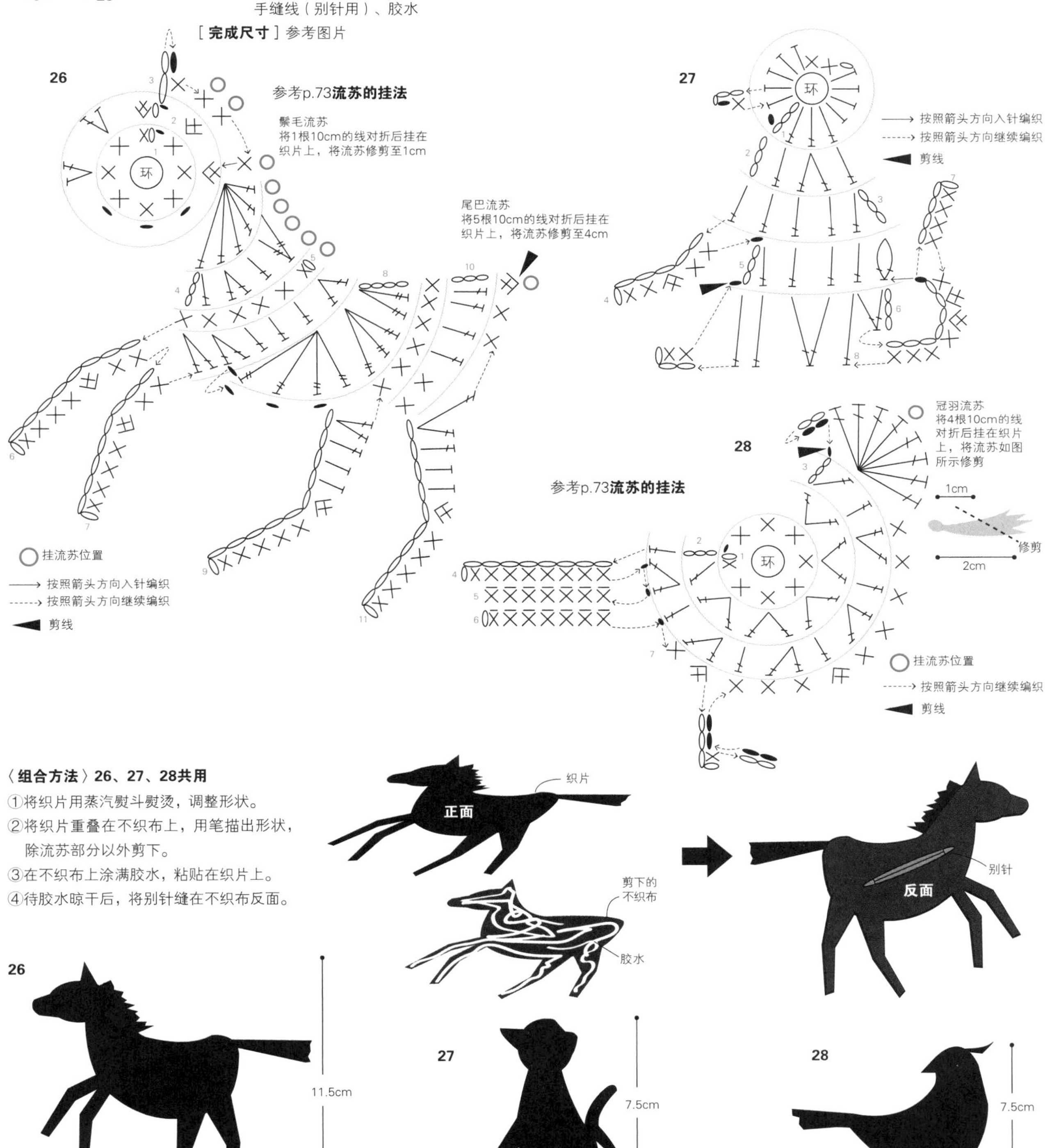


〈**组合方法**〉**26、27、28共用**

①将织片用蒸汽熨斗熨烫，调整形状。

②将织片重叠在不织布上，用笔描出形状，除流苏部分以外剪下。

③在不织布上涂满胶水，粘贴在织片上。

④待胶水晾干后，将别针缝在不织布反面。

# 29、30 动物图案水桶包 / p.39

29

30

[ 线 ] 主体：和麻纳卡 Comacoma 米色（2）240g
外罩：29：Rich More EXCELLENT MOHAIR COUNT 10 深褐色（83）10g、奶油色（3）10g、粉色（61）15g
外罩：30：Rich More EXCELLENT MOHAIR COUNT 10 深褐色（83）15g、芥末黄色（94）20g
[ 针 ] 钩针6/0号、8/0号，毛线缝针，手缝针
[ 其他 ] 真皮提手（黑色：60cm，包含连接袢部分）29、30各1条，手缝线（黑色）
[ 编织密度 ] 主体：短针10cm×10cm面积内：12针、15行
外罩：短针10cm×10cm面积内：15针、20行
[ 完成尺寸 ] 参考图片

[ 制作方法 ]
①编织主体。环形起针，编织6针短针。按照编织图，一边加针，一边编织至第44行。
②将提手缝在编织图上连接提手的位置。
③编织外罩。使用2根线，编织105针锁针起针制作成圆环，按照编织图，无加减针编织至第26行。
④穿上绳子。将Comacoma线剪成2根80cm长的绳子，参考**图A**，穿过外罩。
⑤将外罩套在主体上，将绳子打结固定在提手上。

〈主体编织图〉
*Comacoma线色：米色 *钩针8/0号

编织终点（锁链接缝）

44 43 42 41 15

针数表

| 行数 | 针数 | 加减针 | 部位 |
|---|---|---|---|
| 14～44 | 78针 | 无加减针 | 包身 |
| 13 | 78针 | +6针 | 底部 |
| 12 | 72针 | | |
| 11 | 66针 | | |
| 10 | 60针 | | |
| 9 | 54针 | | |
| 8 | 48针 | | |
| 7 | 42针 | | |
| 6 | 36针 | | |
| 5 | 30针 | | |
| 4 | 24针 | | |
| 3 | 18针 | | |
| 2 | 12针 | | |
| 1 | 6针 | | |
| 起针 | 环 | | |

→ 按照箭头方向入针编织

包住第42行、第43行的针目，在第41行的顶部编织

□ 连接提手位置

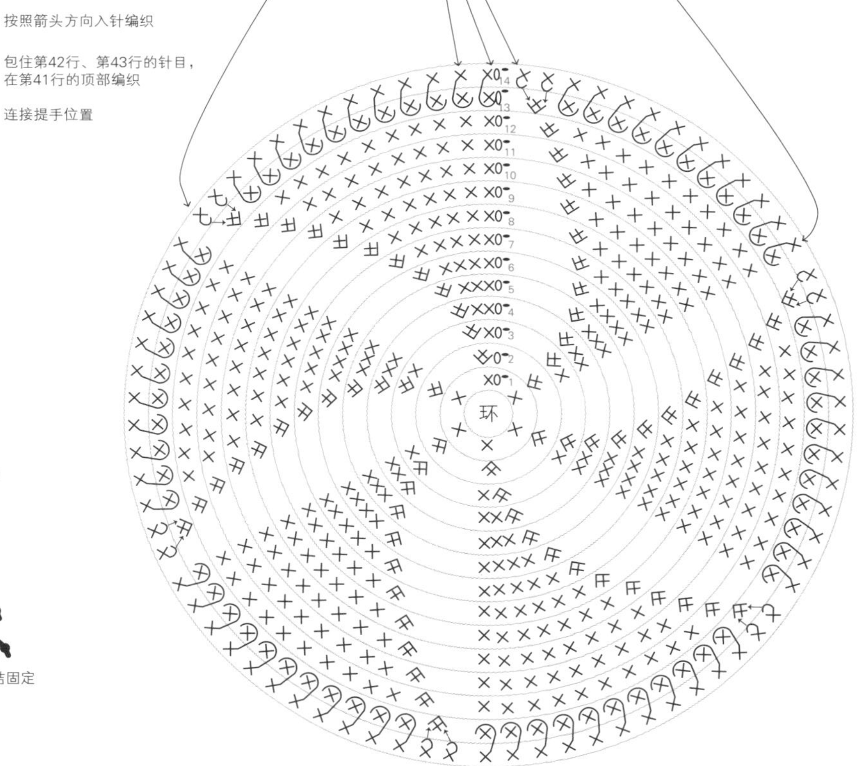


〈图A〉
参考**外罩编织图**的穿绳位置，用平针缝穿过2根线，将两端打结固定

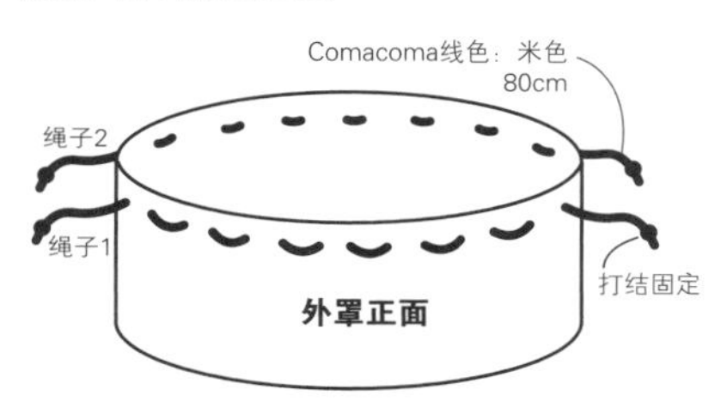


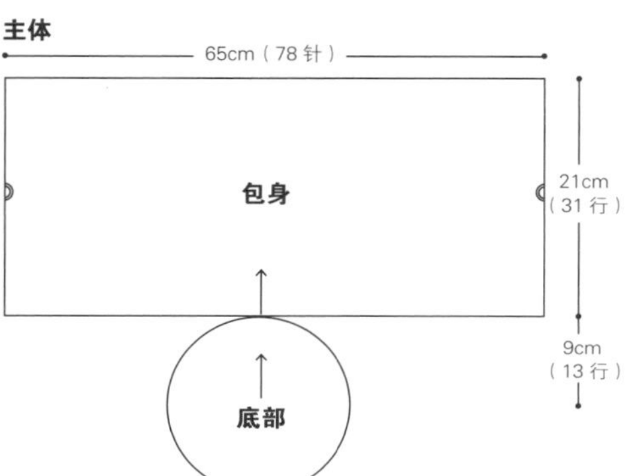


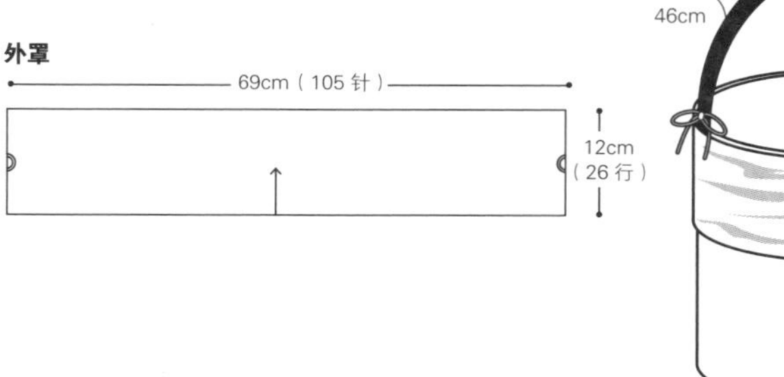


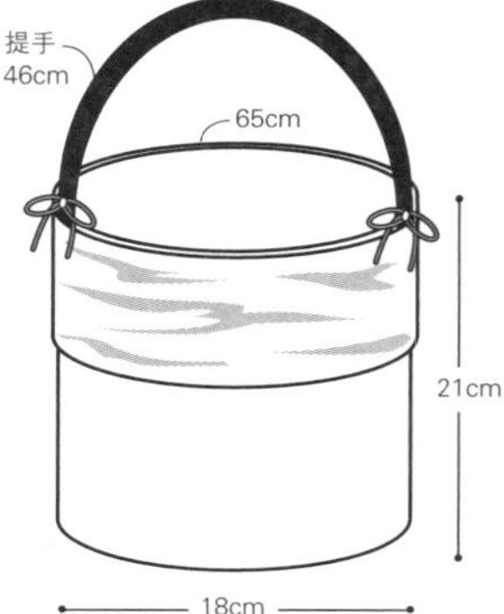

## 〈29:外罩编织图〉 *钩针6/0号 *使用2根线

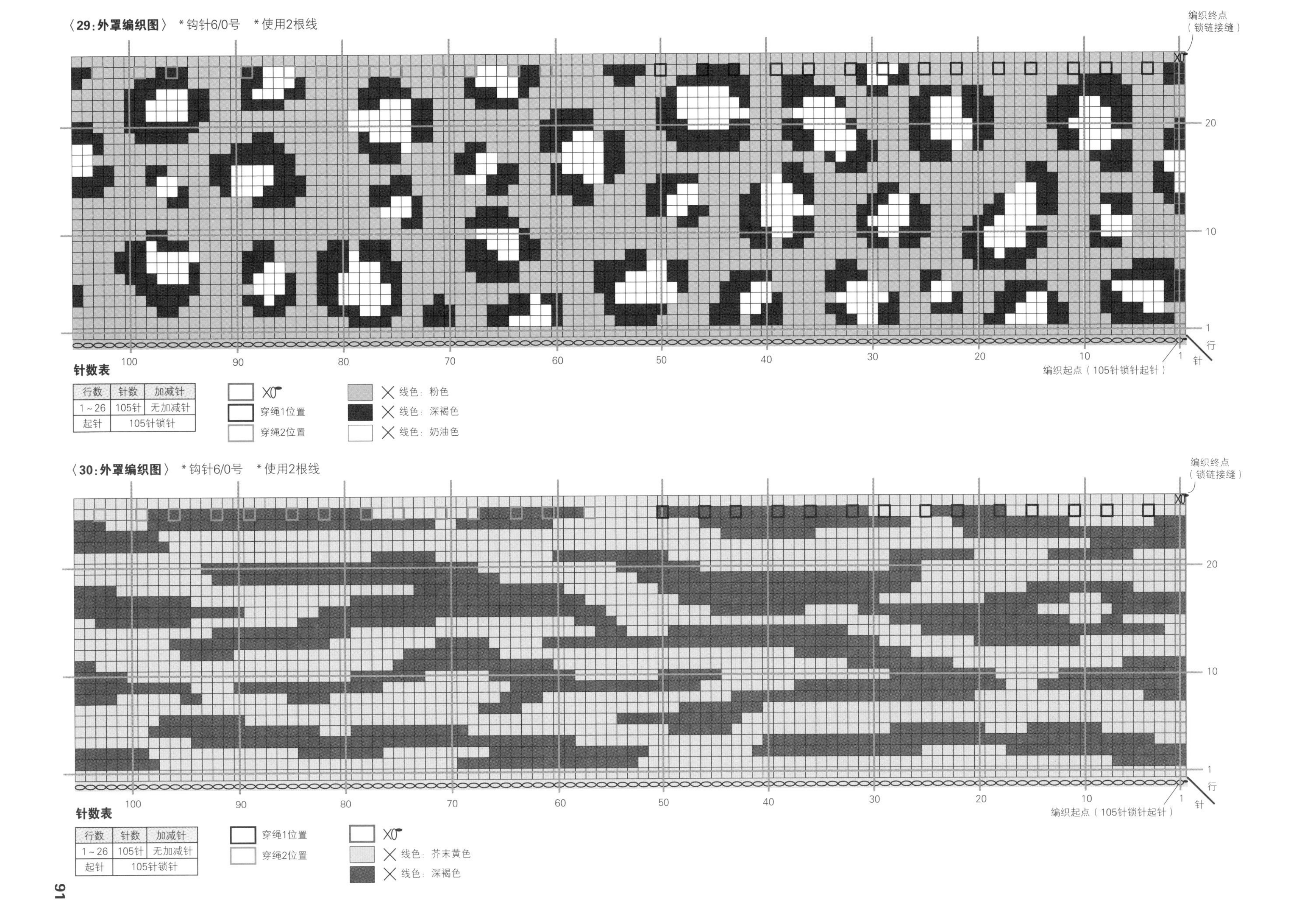


**针数表**

| 行数 | 针数 | 加减针 |
| --- | --- | --- |
| 1～26 | 105针 | 无加减针 |
| 起针 | 105针锁针 | |

## 〈30:外罩编织图〉 *钩针6/0号 *使用2根线



**针数表**

| 行数 | 针数 | 加减针 |
| --- | --- | --- |
| 1～26 | 105针 | 无加减针 |
| 起针 | 105针锁针 | |

31

32

33

# 31~33 珍珠鸟挂饰 / p.40

[线] 31：和麻纳卡 Sonomono Hairy 白色（121）20g，
Piccolo 红色（26）5g、黑色（20）5g、白色（1）少量
32：和麻纳卡 Sonomono Hairy 米色（122）20g，
Piccolo 橙色（7）5g、黑色（20）5g、白色（1）少量
33：和麻纳卡 Sonomono Hairy 深褐色（123）20g，
Piccolo 橙色（7）5g、黑色（20）5g、白色（1）少量

[针] 钩针8/0号（主体、尾羽）、4/0号（喙、脸颊），毛线缝针

[其他] 带龙虾扣的包用链条（金色：20.5cm）各1个、圆环（金色：8mm）各1个、龙虾扣（金色：16mm×8mm）各1个、蓬松棉少量

[完成尺寸] 参考图片

[制作方法] ※使用2根Sonomono Hairy线编织。

①编织主体。环形起针，钩织6针短针。按照编织图加减针，编织至第15行。

②塞入蓬松棉。

③编织至最后1行时，将线头保留15cm，剪断。将线头穿入毛线缝针，将最后1行的针目做卷针缝缝合，拉紧。

④编织各作品所需部件，参考**组合方法**，完成组合。

⑤参考p.82**圆环的安装方法**，安装五金件。

⑥连接包用链条。

〈主体编织图〉

*Sonomono Hairy（使用2根线）

*钩针8/0号

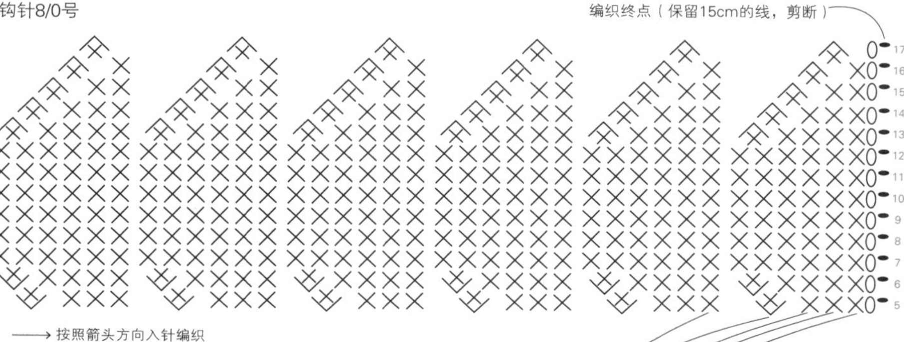


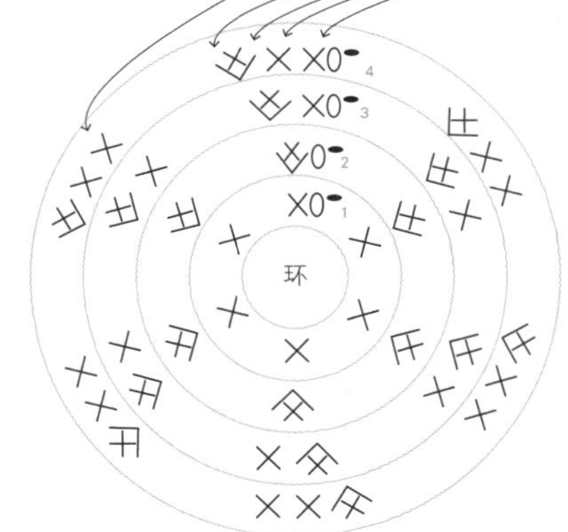


──→ 按照箭头方向入针编织

31 线色：白色

32 线色：米色

33 线色：深褐色

针数表

| 行数 | 针数 | 加减针 |
|---|---|---|
| 17 | 6针 | -6针 |
| 16 | 12针 | |
| 15 | 18针 | |
| 14 | 24针 | |
| 13 | 30针 | |
| 7~12 | 36针 | 无加减针 |
| 6 | 36针 | +6针 |
| 5 | 30针 | |
| 4 | 24针 | |
| 3 | 18针 | |
| 2 | 12针 | |
| 1 | 6针 | |
| 起针 | 环 | |

25cm（36针）

3cm（5行）

6.5cm（7行）

3cm（5行）

底部

〈喙编织图〉

* Piccolo

* 钩针4/0号

* 编织结束后，用手指调整成三角锥形

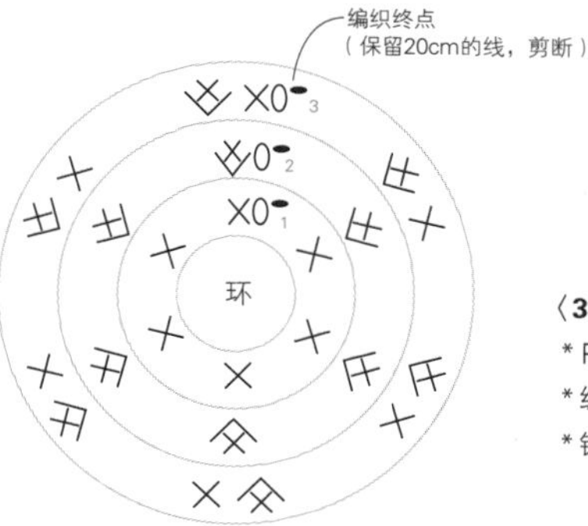


31 线色：红色

32 线色：橙色

33 线色：橙色

〈33:脸颊编织图〉

* Piccolo 线色：黑色

* 编织2片

* 钩针4/0号

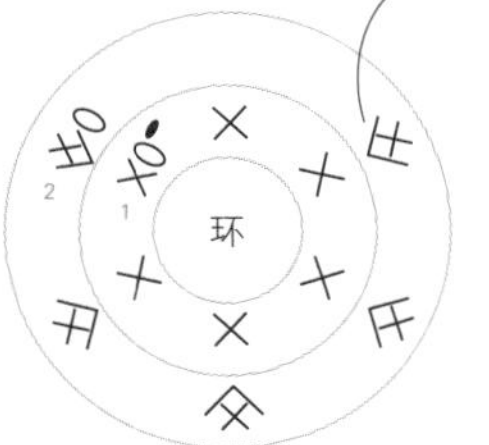


〈尾羽编织图〉

*Sonomono Hairy（使用2根线）

*钩针8/0号

编织终点（保留20cm的线，剪断）

1
2
3
4
5

编织起点（4针锁针起针）

------→ 按照箭头方向继续编织

31 线色：白色

32 线色：米色

33 线色：深褐色

〈**组合方法**〉

将各作品所需部件，参考下图缝在主体上，然后如图所示刺绣。

眼睑参考p.62**眼睑的刺绣方法**。

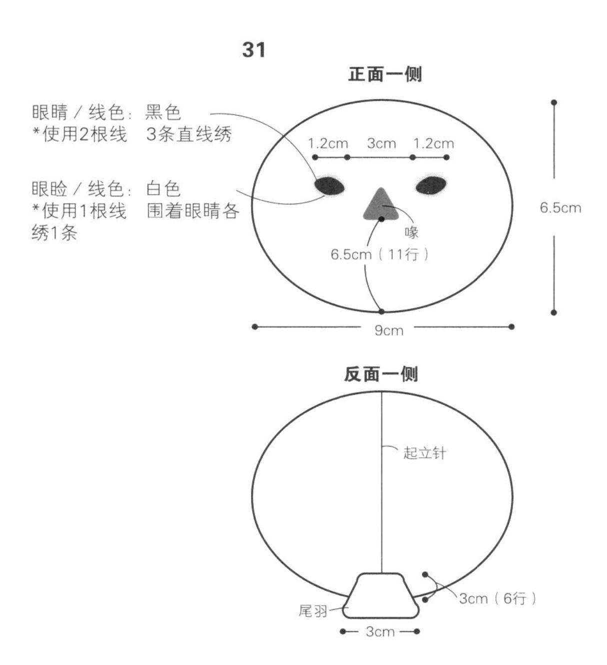


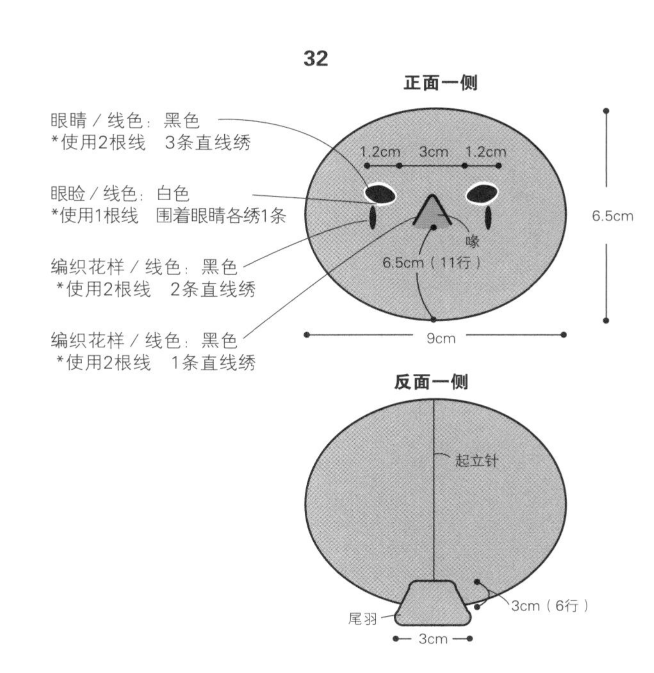


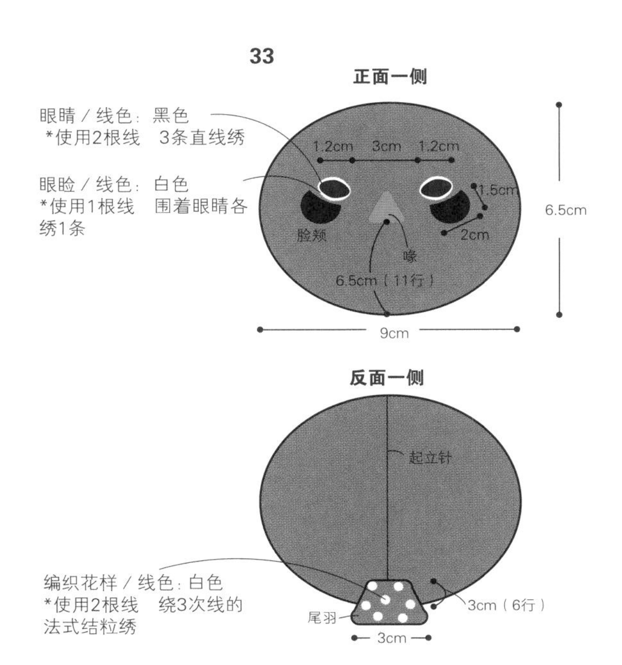


〈**法式结粒绣**〉

①用毛线缝针将线挑起，绕3次线。

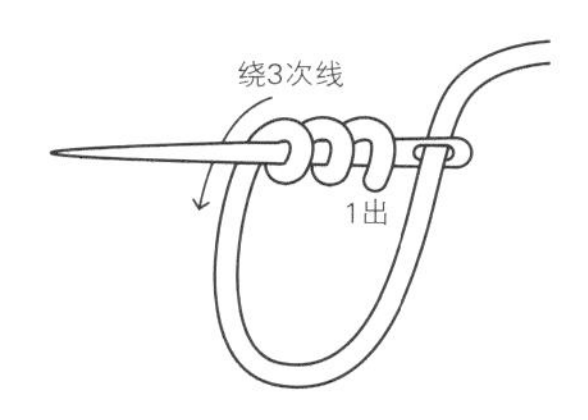


②在紧邻1的位置入针，拉线后做成线结。

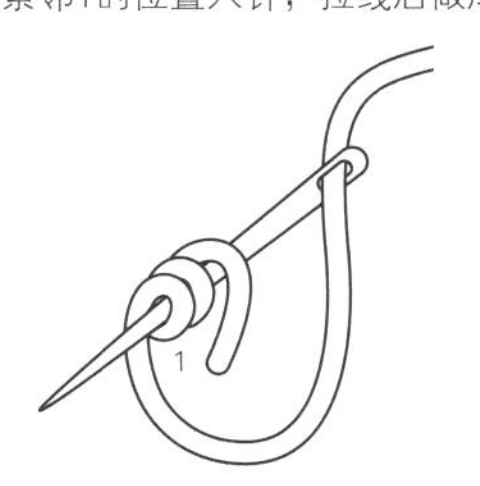

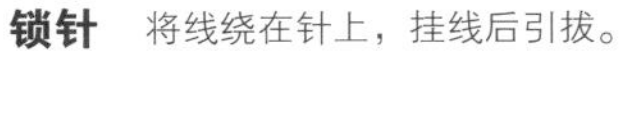

**锁针** 将线绕在针上，挂线后引拔。

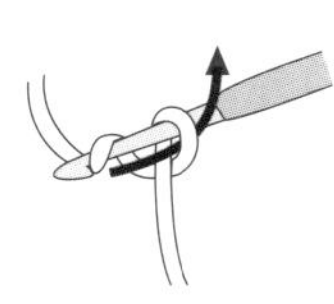
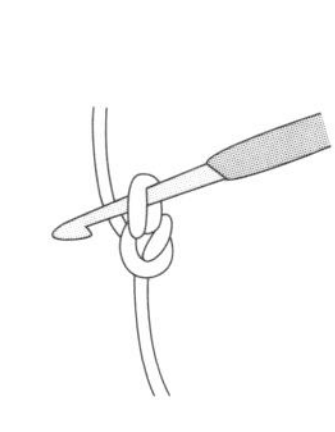
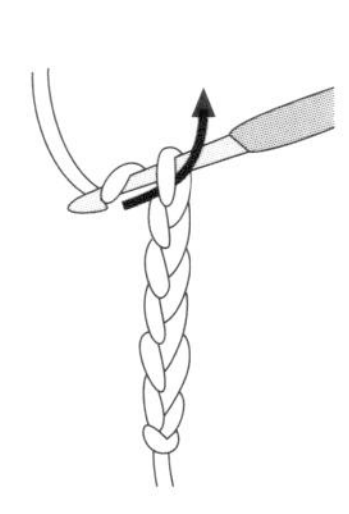

**引拔针** 在前一行的针目中入针，挂线后引拔。

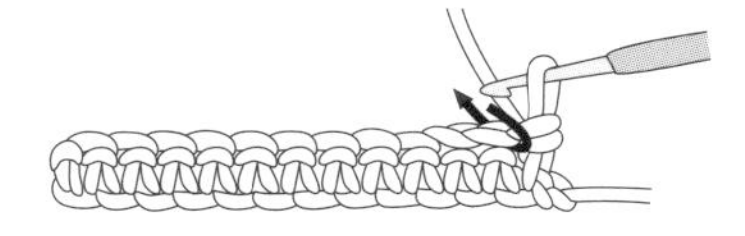
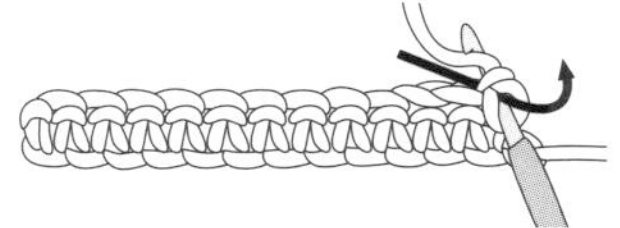
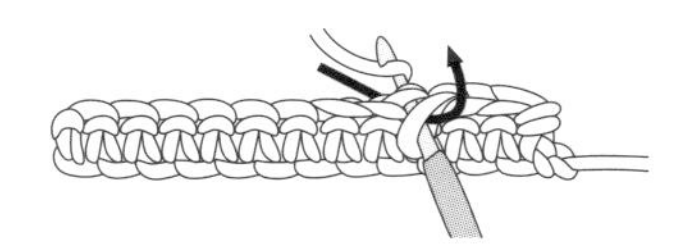

**短针** 1 针立织的锁针不计入针数。在上半针中入针，将线拉出，挂线后从 2 个线圈中引拔。

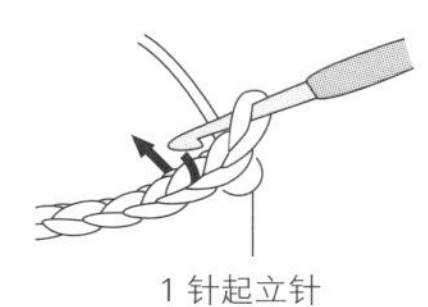

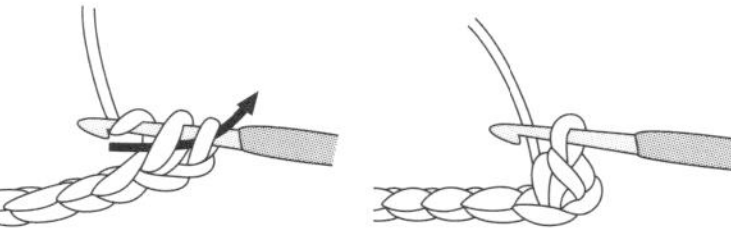

**条纹针** 在前一行的内侧半针中入针，之后与短针编织方法相同。

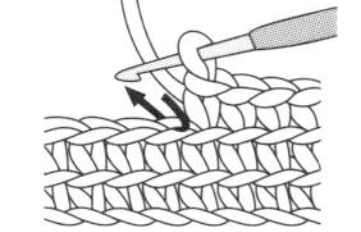

**1 针放 2 针短针** 在同一针目中编织 2 针短针。

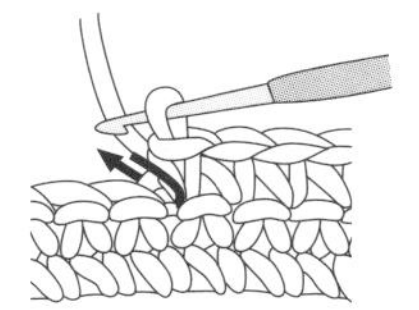
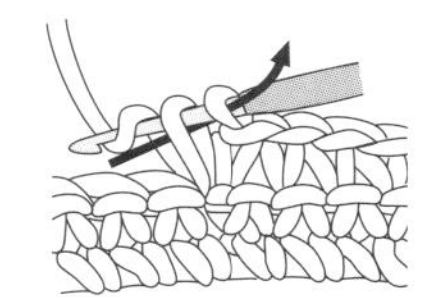

**1针放3针短针** 在同一针目中编织3针短针。

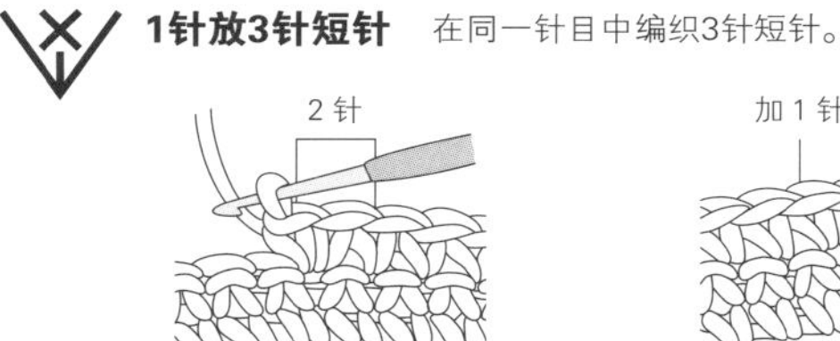

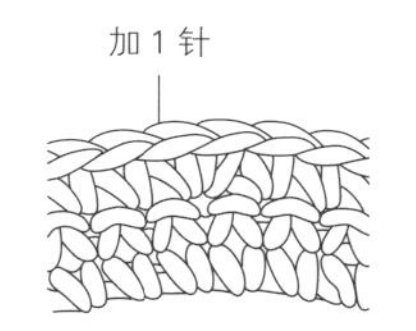


**2针短针并1针** 在第1针中入针，挂线后引拔，再从下一针中将线拉出，挂线后一次从3个线圈中引拔。

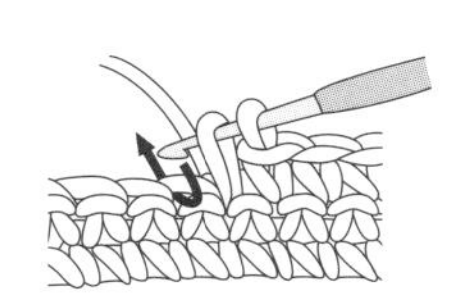
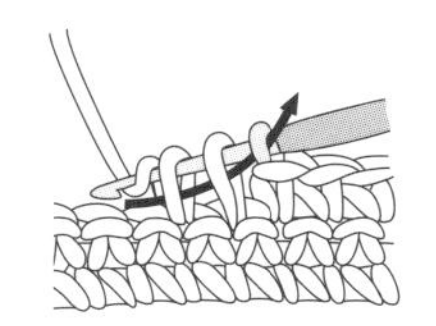
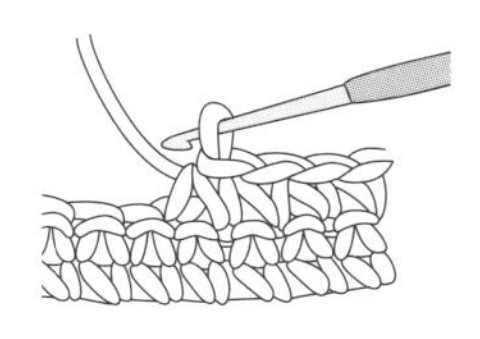

**反短针** 保持织片的方向不变，从左至右编织短针。

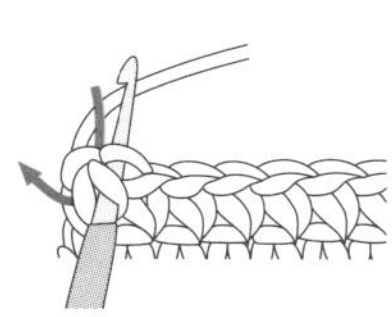
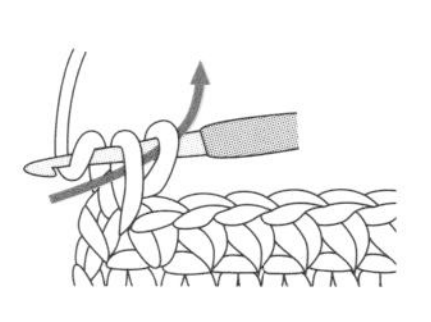
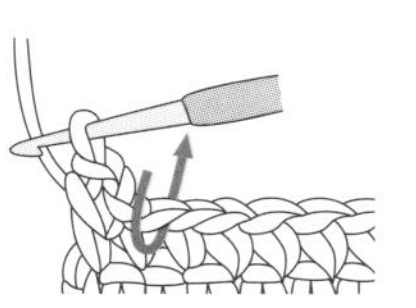
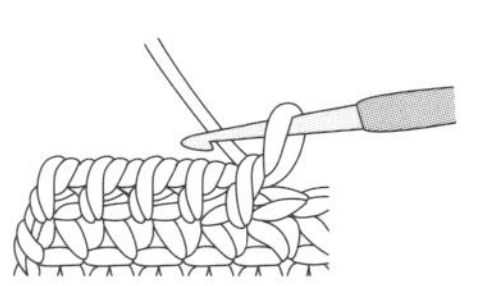

**短针的正拉针** 从内侧挑起前一行针目的根部，编织短针。

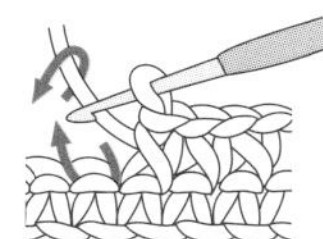
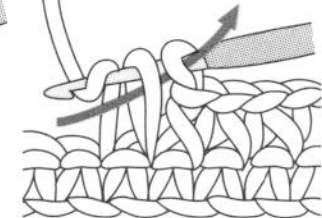
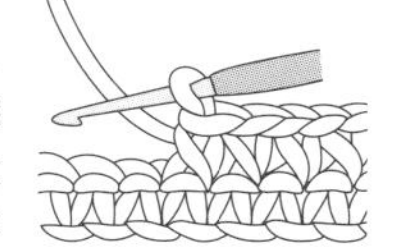

**短针的反拉针** 从外侧挑起前一行针目的根部，编织短针。

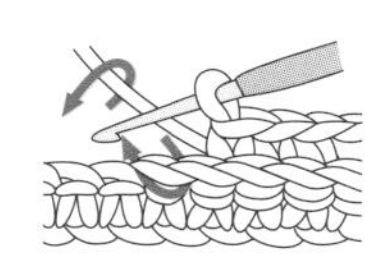
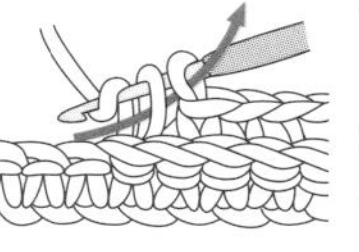
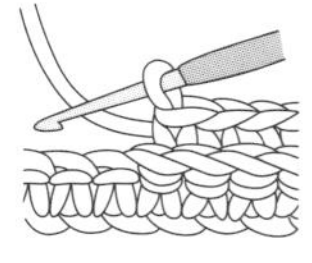

**中长针** 在针上挂线，在上半针中入针，将线拉出，再次挂线后，一次从 3 个线圈中引拔。

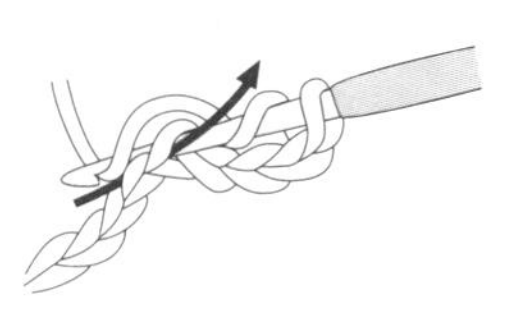
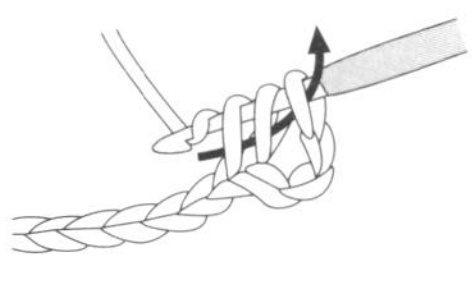
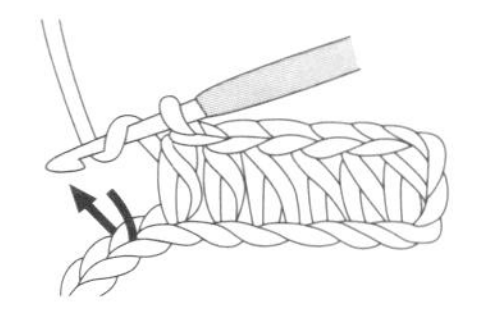

**长针** 在针上挂线，在上半针中入针，将线拉出，再次挂线后，分别从 2 个线圈中引拔，重复 2 次。

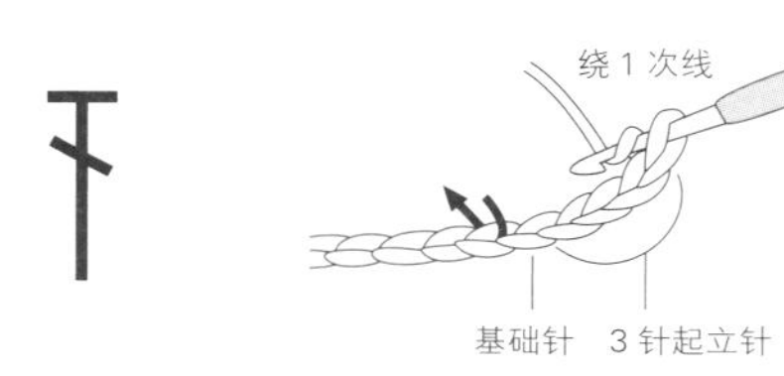

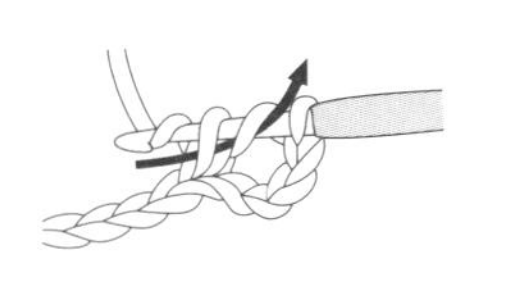
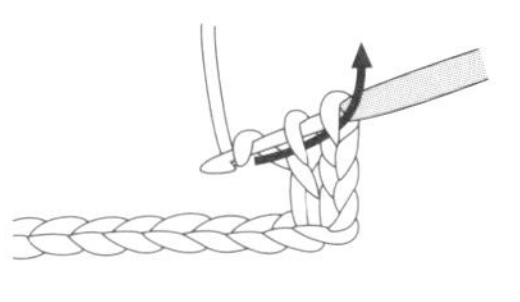
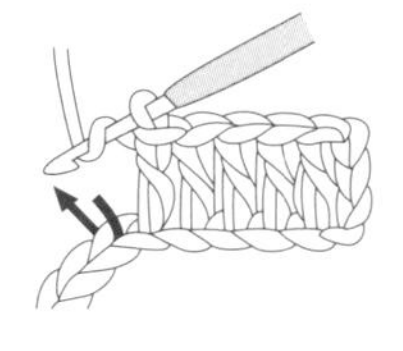

**长长针** 在针上挂 2 次线，在前一行的针目中入针，将线拉出，再次挂线后，从 2 个线圈中引拔，重复 3 次。

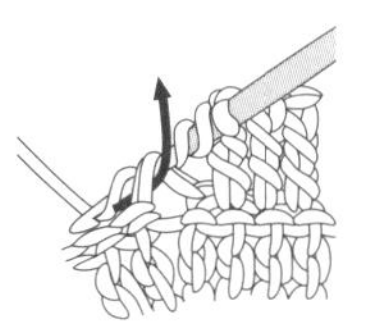
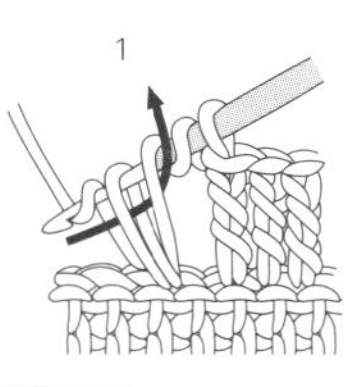

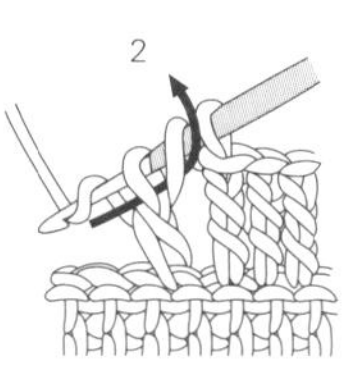

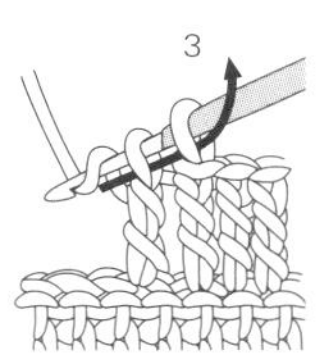

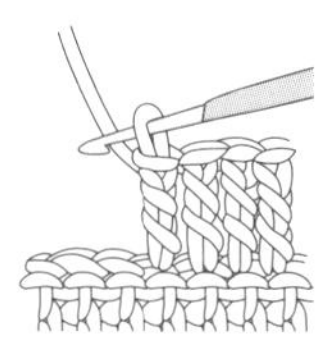

**1 针放 2 针长针** 钩织 1 针长针，在同一针目中再编织 1 针长针。

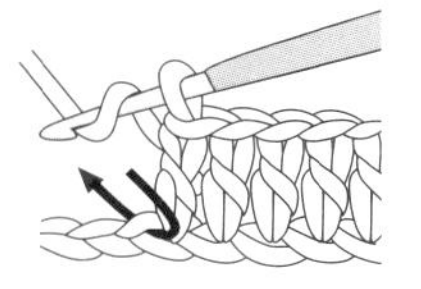
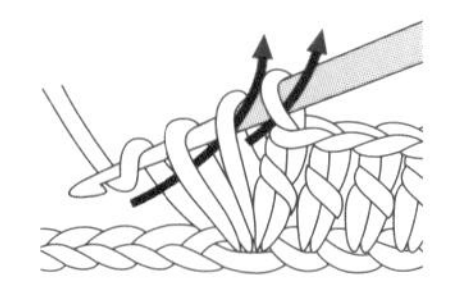
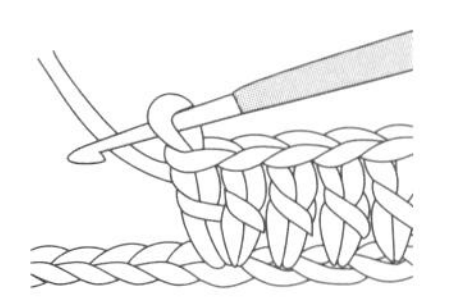

**3 针中长针的枣形针** 在同一针目中，编织 3 针未完成的中长针，挂线后一次从 4 个线圈中引拔。

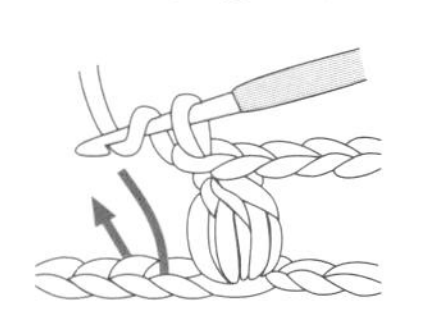
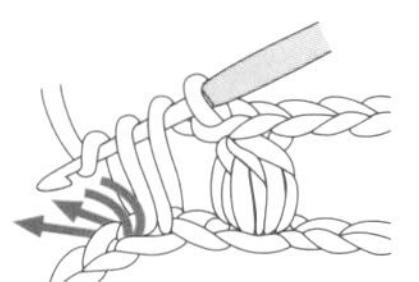

**2 针中长针的枣形针** 在同一针目中，编织 2 针未完成的中长针，挂线后一次从 3 个线圈中引拔。

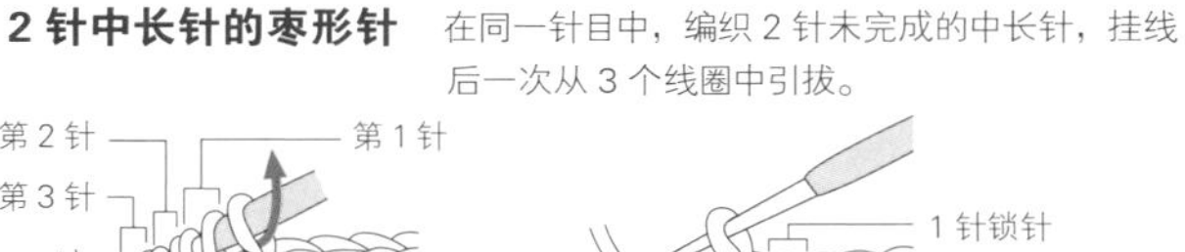


**3 针长针的枣形针** 在同一针目中，编织 3 针未完成的长针，挂线后一次从 4 个线圈中引拔。

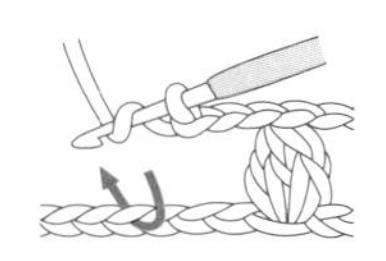
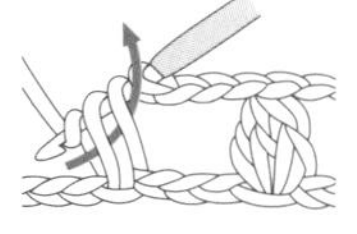
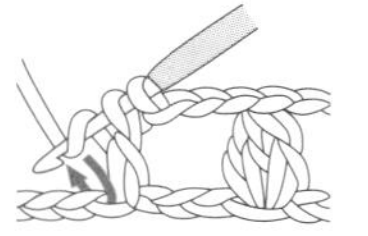

**2 针长针的枣形针** 在同一针目中，编织 2 针未完成的长针，挂线后一次从 3 个线圈中引拔。

**长针的正拉针** 从内侧挑起前一行针目的根部，编织长针。

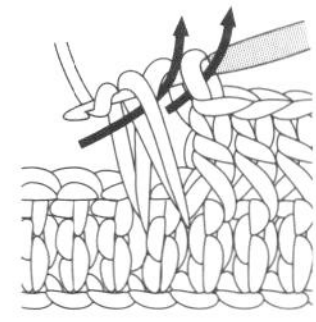
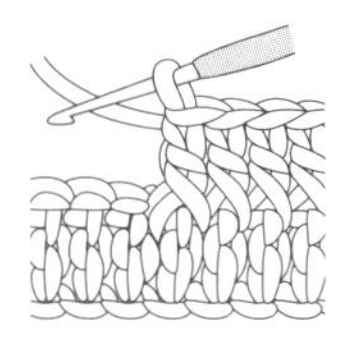

**锁链接缝** 拉出编织终点的针目的线，用毛线缝针穿入编织起点的针目，再穿回编织终点的针目，在反面处理线头。

**小鸟山 印子**

钩针作家兼插画师

喜欢动物，最喜欢鸟类。与5只鸟一起生活，包括3只虎皮鹦鹉、1只红腹锥尾鹦鹉、1只太平洋鹦哥。受喜欢编织的母亲影响，她在多年的钩织探索中，形成了自己的钩针编织风格。她每日都在研究创作，思索如何在日用品或随身物品上，用毛线加入动物图案（主要是鸟类）设计。出版《手心里的鹦鹉玩偶》（诚文堂新光社）、《大人的迪士尼 精美的涂色书》、《女子文字》等多部著作。



备案号：豫著许可备字-2022-A-0020

**图书在版编目（CIP）数据**

超萌的动物图案手编包 / (日) 小鸟山印子著；刘晓冉译. —郑州：河南科学技术出版社, 2023.1
ISBN 978-7-5725-1015-1

Ⅰ. ①超… Ⅱ. ①小… ②刘… Ⅲ. ①包袋—钩针—编织—图集 Ⅳ. ① TS941.75

中国版本图书馆 CIP 数据核字 (2022) 第 244607 号

出版发行：河南科学技术出版社
地址：郑州市郑东新区祥盛街27号 邮编：450016
电话：（0371）65737028 65788613
网址：www.hnstp.cn
责任编辑：张 培
责任校对：耿宝文
封面设计：张 伟
责任印制：张艳芳
印 刷：北京盛通印刷股份有限公司
经 销：全国新华书店
开 本：787 mm × 1 092 mm 1/16 印张：6 字数：150千字
版 次：2023年1月第1版 2023年1月第1次印刷
定 价：49.80元

如发现印、装质量问题，影响阅读，请与出版社联系并调换。